Devora Zack
Führung für Führungshasser

Devora Zack

Führung für Führungshasser

Starten Sie durch,
indem Sie einfach Sie selbst sind

Aus dem Amerikanischen
von Nikolas Bertheau

Die amerikanische Originalausgabe »Managing for People Who Hate Managing«
erschien 2012 bei Berrett-Koehler Publishers, Inc., San Francisco, CA, USA.
All Rights Reserved. Copyright © 2012 by Devora Zack

Bibliografische Information der Deutschen Nationalbibliothek

Die Deutsche Nationalbibliothek verzeichnet diese Publikation in der
Deutschen Nationalbibliografie; detaillierte bibliografische Daten
sind im Internet über http://dnb.d-nb.de abrufbar.

ISBN 978-3-86936-516-9

Lektorat: Claudia Maas, Garrel
Umschlaggestaltung: Martin Zech Design, Bremen | www.martinzech.de
Umschlagillustration: Jeevan Sivasubramaniam
Autorenfoto: Na'ama Batya Lewin
Illustrationen: Jeevan Sivasubramaniam
Satz und Layout: Das Herstellungsbüro, Hamburg | www.buch-herstellungsbuero.de
Druck und Bindung: Salzland Druck, Staßfurt

Copyright © 2013 GABAL Verlag GmbH, Offenbach

www.gabal-verlag.de
www.twitter.com/Gabalbuecher
www.facebook.com/gabalbuecher

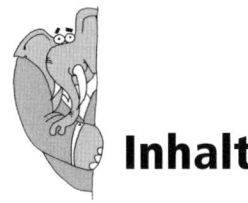 # Inhalt

»Wir sind ebenso unsere eigenen Drachen
wie unsere eigenen Helden,
und wir müssen uns vor uns selbst schützen.«
Tom Robbins, »Buntspecht – So was wie eine Liebesgeschichte«

Für … Sie

Willkommen in der elektrisierenden Welt der Mitarbeiterführung

»Nur wer seinen Job liebt,
kann darin Großartiges leisten.«
STEVE JOBS

Menschen sehnen sich nach Erfolgen.

Nach Erfolgen jeglicher Art. Besonders nach eigenen Erfolgen. Es gibt sie in den unterschiedlichsten Formen und Ausprägungen, aber fast immer gehen sie mit einer Konsequenz einher: Je höher Sie in Ihrem Gebiet aufsteigen, desto wahrscheinlicher wird aus Ihnen …

eine Führungskraft!

Meinen Glückwunsch.

Also gut – kommen wir zur Sache. Jetzt gilt es, Leistungen zu beurteilen, Mitarbeiter zu rügen, Formulare auszufüllen, vor vielen Menschen zu sprechen, Protokolle zu befolgen, Feedback zu geben, Mitarbeiter einzustellen, andere zu entlassen, Sitzungen zu leiten, Mitteilungen zu verfassen, Projekte zu leiten, Teams zu motivieren, direkt unterstellte Mitarbeiter zu betreuen, Erwartungen zu erfüllen, Entschuldigungen zu äußern, Prioritäten abzuwägen, Programme auf Eis zu legen, Korrespondenzen zu korrigieren, Namen auswendig zu lernen, Sitzungen abzublasen, Mitarbeiter zu beschwichtigen und stundenlang bis in den späten Abend hinein zu arbeiten.

Und beim Sprechen stets ein freundliches Gesicht zu machen. Und noch dazu eines, das authentisch ist.

Und natürlich auch noch den eigentlichen Job mitzuerledigen.

Sagte ich schon, dass ein Training so gut wie nicht stattfindet? Und dass jeder Ihrer Schritte genauestens verfolgt, beurteilt und bis zum Gehtnichtmehr analysiert wird? Ab … sofort?

Was stehen Sie da herum? Kommen Sie in die Gänge. Laufen Sie. RENNEN Sie!

Warten Sie! Noch einmal zurück. Nehmen Sie dieses Buch mit. Sie werden es brauchen.

Kapitel 1

Warum Sie Führung hassen und warum ich dies Buch schrieb

»Finden Sie einen Job, der Ihnen Spaß macht,
und Sie gewinnen fünf Tage pro Woche zusätzlich.«
H. Jackson Brown, Jr.

So viel zu tun tagaus, tagein,
wollte eh niemals Manager sein.
Tun Sie das Ihre und was ich sage,
weil ich's nervlich sonst nicht ertrage.

Hey!

Ich bin so froh, dass Sie vorbeischauen. Unsere Expedition in die verrückten, stürmischen Gewässer der Mitarbeiterführung wird die investierte Zeit allemal wert sein. Und dann können Sie die Lektüre dieses Buches auch noch als Fortbildung verbuchen. Also los!

Sie werden auf diesen Seiten viele nützliche und lebensrettende Führungstipps finden. Gut angelegtes Geld, wenn Sie mich fragen. Betrachten Sie dieses Buch als Führungsrettungsweste – nur kleidsamer. Dass Sie jetzt hier mit dabei sind, verleiht dem ganzen verrückten Schreibprozess einen Sinn. Denn in Wahrheit schreibe ich dieses Buch für Sie (siehe Widmung).

Sie haben Fragen, ich habe Antworten

Bevor wir eintauchen, klopfen noch ein paar nervige Fragen an die Tür und verlangen nach unserer Aufmerksamkeit.

Wieso gibt es dieses Buch?

In meinen vielen Jahren als Unternehmensberaterin – mich nach der genauen Zahl zu fragen, geziemt sich nicht – habe ich unzählige Trends kommen und gehen sehen. Ich könnte sie hier zum Beweis aufzählen, aber damit würde ich Sie bestenfalls langweilen. Und meine jüngeren Leser wüssten eh nicht, wovon ich spreche. Entscheidend ist: Trends verschwinden. Trennung. Auf Wiedersehen. Unbarmherzig lassen sie uns japsend in denselben Büros zurück, in denen sie uns einst fanden und uns die Welt versprachen ... um sich nach der großen, zu ihren

Ehren veranstalteten Gala schnurstracks wieder aus dem Staub zu machen.

Es gibt so viele Managementbücher, dass sie schon keiner mehr zu zählen vermag. Warum wählte ich für mein Buch nicht irgendein in der Wirtschaftsliteratur noch unterrepräsentiertes Thema? Beispielsweise den Einfluss von Sonnenfinsternissen auf die Tiradenzyklen von Managern?

Ich widme mich diesem Thema, weil es so elendiglich wichtig ist! Das Erlernen von Techniken, wie Sie Ihren geheimen Hass auf alles, was mit Führung zusammenhängt, in sein Gegenteil verwandeln, kann Ihr Arbeitsleben total verändern – bis zur Unkenntlichkeit und darüber hinaus. Wir bewegen uns auf einen veritablen Management-Urknall zu.

Beachten Sie, dass ich von der »Verwandlung Ihres geheimen Hasses« sprach und nicht davon, »wie Sie mit Menschen klarkommen, die zu führen Ihnen total widerstrebt«.

Unser gemeinsames Ziel ist es, eine Führungsmethode zu finden, die Sie nicht hassen. Und Sie werden sie deshalb nicht hassen, weil sie zu Ihrem Wesen passen wird.

Führung ist nicht einfach nur etwas, das wir tun, während wir uns zielbewusst durch große Gebäude mit vielen Fenstern bewegen. Führung handelt von Kommunikation, Beziehungen, Motivation und Produktivität, um es einmal einfach auszudrücken.

Was ist überhaupt Führung?

Ah, die Tausend-Dollar-Frage. Ich nehme auch einen Schuldschein.

Jeder halbgare MBA weiß, dass wir ohne Ende über die zutreffendste und beste Definition einer Führungskraft diskutieren könnten. Didaktische Spitzfindigkeiten langweilen mich jedoch. Lassen Sie uns stattdessen auf das Wesentliche kommen und gemeinsam überlegen, was wir von einem guten Manager erwarten (und vergessen wir fürs Erste den Rest Ihres Jobs, wie das Fabrizieren irgendwelcher Dinge oder die Geldvermehrung). *Was ist der Kern der Führungstätigkeit?*

> **Führung ist der Hochseilakt der richtigen Balance zwischen nützlicher Hilfestellung und unterlassener Einmischung.**

Wenn Sie sich Ihren Vorgesetzten aussuchen könnten, würden Sie dann nicht jemanden wählen, der ein Rezept dieser oder ähnlicher Art befolgt? Eine Führungskraft, die nützliche Hilfestellung geben will, benötigt entsprechende Fähigkeiten und Referenzen. Mindestens ebenso wichtig aber ist, dass sie weiß, wann es Zeit ist, sich zurückzunehmen und anderen die Möglichkeit zu geben, dass sie wachsen, sich bewähren und ihre eigenen Fehler machen. Im Zweifelsfall sollten Sie Ihren Führungsproteinshake lieber mit zu vielen als zu wenigen Bewährungschancen für andere anreichern. (In Kapitel 7 werden wir näher darauf eingehen.)

Warum hassen Menschen die Führungsrolle?

Ein erschreckender Prozentsatz der Menschen tut sich mit der Führungsrolle schwer oder hasst sie geradezu. Woher rührt dieses Phänomen? Im Wesentlichen sind dafür zwei Gründe verantwortlich:

1. Stellen Sie sich vor, Sie üben einen Beruf aus, der Ihnen Spaß macht. Sie bewähren sich darin leidlich gut und werden dafür mit einer Beförderung belohnt. Plötzlich finden Sie sich in der alarmierenden und beängstigenden Position wieder, dass Sie Menschen führen müssen. Sie haben weniger Zeit für das, was Sie selbst motiviert, und müssen stattdessen andere motivieren, führen und anspornen.
2. Sagen wir es offen: Andere zu managen, kann wahrhaft abtörnend sein. Auf einmal müssen Sie sich um all deren … Pipifax kümmern. Unversehens werden Sie zum Therapeuten, Mediator und Reiseleiter.

Dabei wünschen Sie sich nichts anderes, als das zu tun, was doch Ihr *wahrer* Beruf ist. Die Führungsrolle stört nur.

> **Mitarbeiterführung ist nicht Ihre Leidenschaft – Ihr Job ist das, wofür Sie brennen.**

Und das, liebe Leser, ist das eigentliche Problem.

Eine jüngere Berrett-Koehler-Erhebung unter 150 Führungskräften aus nahezu ähnlich vielen Branchen offenbarte, dass nur 43 Prozent von ihnen sich in der Rolle der Führungskraft wohlfühlen und dass nur 32 Prozent von sich behaupten, dass sie gern Führungskraft sind.

Benötigt jemand eine Übersetzung? Ist die Statistik zu speziell? Lassen Sie mich die Dinge ausbuchstabieren.

Die Chancen stehen weniger als 1:3, dass Ihr Vorgesetzter Spaß daran hat, Sie zu führen. Je nach Ihren kleinen Eigenheiten könnte dieses Verhältnis noch ungünstiger für Sie ausfallen! Obwohl ich natürlich sicher bin, dass dem nicht so ist.

Wo wir schon beim Thema sind   *Sandkörner umschichten*

Mein Lieblingsbuch ist *Milos ganz und gar unmögliche Reise* von Norton Juster. Wenn Sie mit diesem Buch, das Sie gerade in den Händen halten, genug Stress abgebaut haben, können Sie mit jenem weiter relaxen.

Ein Kapitel handelt von »Brutal Banal, Dämon der geisttötenden Tätigkeit und des sinnlosen Tuns, Ungeheuer der nutzlosen Nichtigkeiten und Monster des Stumpfsinns und Alltagstrotts«.[1]

Er beauftragt Milo, den jungen Protagonisten, damit, einen riesigen Sandhaufen mit einer Pinzette – Sandkorn für Sandkorn – zu bewegen. Nach mühseligen Stunden ist Milo noch kein sichtbares Stück weiter gekommen und Milo kommt zu dem Schluss, dass seine Mühen umsonst sind, so sehr er sich auch anstrengt.

Zu meiner Bestürzung muss ich gestehen, wie häufig ich an dieses an die Nieren gehende Bild denken muss, wenn ich mich an meinem eigenen Aufgabenberg zu schaffen mache. Die Führungskräfte unter meinen Klienten kennen dieses Gefühl ebenfalls.

Führungskräfte berichten aus gutem Grund von dem Gefühl, der Fülle Ihrer harrenden Aufgaben niemals auch nur ansatzweise Herr zu werden. Selbst wenn sie den ganzen Tag nonstop arbeiten, einen Tag nach dem anderen, ändert das am Umfang der unerledigten Dinge kaum etwas.

Wann ist endlich Feierabend?

Hilfe ist unterwegs. Legionen von Managern leiden unnötig unter der irrigen Vorstellung, eine waschechte Führungskraft müsse eine Vielzahl von Wesenszügen annehmen, die alles andere als natürlich wirken. Und sie sind auch noch überzeugt, »echte« Manager äßen keine Quiche. Das stimmt nicht und schmeckt nach Voreingenommenheit gegenüber Hühnerbauern.

Ich sage: Schluss mit dieser Verrücktheit!

Das Gegenteil ist wahr. Als Führungskraft können Sie nur dann erfolgreich sein – und die Belohnungen und Vorteile des Führens einheimsen –, wenn Sie von einem Ort aus leiten, der authentisch zu Ihnen passt. Und sei es von der Küchenbank aus.

Denn die meisten normalen Menschen sind den überwiegenden Teil ihrer wachen Stunden mit ganz konkreten Lebensfragen beschäftigt. Hochtrabende Persönlichkeitsüberlegungen spielen da keine große Rolle. Eine erschreckende Anzahl von Wirtschaftsbüchern hält jedoch ihre Leser dazu an, außerhalb ihrer selbst nach geeigneten Führungsrezepten zu suchen. Dieses Buch hingegen schärft Ihren Blick für so heiße Themen wie:

- Wie sieht mein natürlicher Führungsstil aus?
- Wie treffe ich Entscheidungen?
- Was sind meine wichtigsten Stärken?
- Führe ich mit dem Kopf oder mit dem Herzen?
- Wie finde ich heraus, worauf die Mitglieder meines Teams den größten Wert legen?
- Wie kann ich positive Verhaltensweisen verstärken?
- Wie kann ich auf der Grundlage meiner Stärken andere führen?

… und die Jackpotfrage:

- Wie kann ich mir selbst treu bleiben und zugleich andere flexibel leiten?

Die Antworten auf diese Fragen ergeben zusammen Ihre individuelle Formel für brillantes Führen.

Warum ist dieses Buch so handlungsorientiert?

 Nieder mit der Passivität! Der Mensch lernt, indem er mitmischt. Mein Lieblingssprichwort bringt es auf den Punkt: »Sage es mir, und ich werde es vergessen. Zeige es mir, und ich werde mich möglicherweise daran erinnern. Beteilige mich, und ich werde es verstehen.«

Für die Leser von Büchern ist eine tatkräftige Beteiligung besonders wichtig. Kennen Sie das Phänomen, dass Sie ein Buch lesen und Gefallen daran finden … um sechs Monate später keinen einzigen konkreten Gedanken daraus mehr wiedergeben zu können? Das soll Ihnen mit diesem Buch nicht passieren. Die beste Methode, um langfristig von einem Buch zu profitieren, ist die aktive Beteiligung.

Erging es Ihnen schon einmal so, dass Sie eine Anzeige lasen: »Rettet …!« und dachten: »Das ist wirklich wichtig! Dafür spende ich gern.«? Wenn Sie Ihre Absicht jedoch nicht auf der Stelle umsetzen, stehen die Chancen gleich null, dass Sie es jemals tun werden. Hier sind zwei Gründe, warum das so ist:

1. Wir vergessen binnen 48 Stunden, was wir hören oder lernen.
2. Die größte Wahrscheinlichkeit, dass wir eine Absicht verwirklichen, besteht in zeitlicher Nähe zum ersten Gedanken daran.

Deshalb liefern bloße Ratschläge, wie wir beispielsweise besser führen, auch so wenige nachhaltige Resultate. Allzu schnell ist das, was wir lesen, oder die Veränderung, zu der das Gelesene uns kurzfristig inspiriert, wieder vergessen. Nur indem wir uns während der Lektüre aktiv beteiligen – tätig werden, etwas bewerten oder Übungen absolvieren –, können wir neue Fähigkeiten erwerben, die langfristig Bestand haben.

Weil jeder Menschentyp seine individuellen Stärken mitbringt, startet dieses Buch in Kapitel 2 mit einer einfachen Typbestimmung: »Wer sind Sie?« Anschließend dürfen Sie »durch ein paar Reifen springen«, also aktiv werden: Abschnitte unter der Überschrift »Übung« durchziehen das gesamte Buch. Hier haben Sie die Gelegenheit, die vorgestellten Ideen auf Ihre eigene Welt zu übertragen. Einfach nur sitzen und lesen gilt nicht! Ich will, dass Sie ständig bei der Sache sind und die tausend Möglichkeiten (mit einer Fehlermarge von +/− drei Prozent) nutzen, das Gelesene in die Tat umzusetzen.

Was fehlt noch zu Ihrem Glück? Aus dem Leben gegriffene Beispiele? Die sollen Sie bekommen. Sie finden die »Beispiele« verstreut wie Brotkrümel, die Ihnen den Weg durch den Wald weisen. Außerdem finden Sie unter der Überschrift »Wo wir schon beim Thema sind« Kästen mit kleinen Leckerbissen, die mit dem Hauptthema des Kapitels in Beziehung stehen.

Wenn alles um uns herum zerbröselt und zerfällt, bleibt uns immer noch die schöne Erinnerung daran, wie wir uns gemeinsam dieses Buch erwandert haben.

Werde ich mir jemals den Traum von einem Buchtitel aus nur einem Wort erfüllen?

Die schwierigste Frage habe ich mir bis zum Schluss aufgespart. Ich bitte Sie, in dieser Angelegenheit meine Herausgeber in einer groß angelegten Kampagne mit Briefen zu bombardieren. Nur dann habe ich einen Fitzel von einer Chance.

Zwei Berichte

Tatiana war eine wunderbare, motivierte Führungskraft in einer internationalen Organisation mit Sitz in Washington, D.C. Mit ihrer Ernennung zur Führungskraft »erbte« Tatiana eine Handvoll Mitarbeiter. Ihre unmittelbar ihr unterstellten Mitarbeiter erwiesen sich als dickköpfig, direkt, zynisch und unehrerbietig. Entsprechend kritisch sah das Team denn auch Tatianas Ernennung zu seiner Chefin. Ich verwende den Begriff *Team* mit Vorbehalt, denn seine Mitglieder waren mehr mit Intrigen und Gerede beschäftigt als mit Teambildung. Verschlimmert wurde die Situation noch dadurch, dass viele von ihnen seit über einem Jahrzehnt in ein und derselben Position verweilten und sich vor jedem echten Feedback und jeder Verantwortung drückten.

Tatiana aber ging die Sache an. Sie war gewillt, die Produktivität zu steigern und eine Beziehung zu ihren Leuten aufzubauen – beides

Dinge, die bei diesen auf wenig Gegenliebe stießen. Tatianas Büro befand sich in einem weitläufigen Bürogebäude einige Etagen über denen ihrer Mitarbeiter, was ihre gehobene Rolle und vermeintliche Distanz zu ihren »Untergebenen« unterstrich. Diese rangbasierte Anordnung missfiel Tatiana, und so machte sie es sich zur Aufgabe, die Post (die zuerst in ihrem Büro eintraf) persönlich ihren Mitarbeitern drei Stockwerke tiefer auszuhändigen. Der normale Ablauf hätte so ausgesehen, dass sie ihren Mitarbeitern eine E-Mail-Notiz geschickt und diese sich daraufhin ihre Post und andere Papierdokumente selbst abgeholt hätten. Tatiana aber wollte damit, dass sie sich selbst auf den Weg begab, ihren Mitarbeitern Kameradschaft und Respekt bekunden. Das war typisch für Tatianas Stil; ihr Handeln und ihre Entscheidungen spiegelten ihre natürliche Bescheidenheit wider.

Wie nahm das Team ihren »Postzustelldienst« auf? Es reagierte ungehalten. Die neue Chefin war nicht hinnehmbar! Ganz offensichtlich brachte sie ihren Mitarbeitern weder Respekt noch Vertrauen entgegen. Und wie kamen sie zu dieser felsenfesten Überzeugung?

»Sie spioniert uns aus!«, verkündeten sie. »Anstatt uns in ihr Büro zu zitieren, um die Post dort entgegenzunehmen, bringt sie sie als Vorwand selbst herunter, um sich an uns anzuschleichen.« Mehr Informationen brauchte es nicht zum Beweis ihrer Theorie. Damit war der Fall für sie klar. Speichern Sie diesen Bericht vorübergehend ab und folgen Sie mir einmal um den Erdball zum offenen Busch Australiens.

Als ich für eine Vortragsreise in Australien eintraf, wurde ich zu einem Ausflug in die bezaubernde Küstenstadt Maroochydore im Bundesstaat Queensland eingeladen. Auf halbem Wege deutete Paul, der ortskundige Fahrer des Busses, auf eine ferne Stelle im Busch, wo er ein Känguru erblickt hatte. Ich wollte unbedingt mein erstes wildes Känguru sehen und suchte angestrengt die Landschaft ab. Aber vergebens – mein ungeübtes Auge konnte Känguru und Busch nicht unterscheiden.

Zum Ende der Tour erkundigte sich Paul, wie mir die Fahrt gefallen habe. Ich dankte ihm für die fachkundige Art, mit der er uns in seine geliebte Landschaft eingeführt hatte, brachte aber mein Bedauern zum Ausdruck, dass ich das Känguru verpasst hätte. Geübt im Katastrophendenken, war ich sicher, dass ich hiermit die einzige Chance verpasst hatte, zu meinen Lebzeiten ein echtes Känguru zu Gesicht zu bekommen.

Paul versicherte mir: »Bestimmt lässt sich das nachholen.« Er bedeutete mir, im Bus zu bleiben, während die anderen ausstiegen, und fuhr dann die kurze Strecke bis zur University of Southern Queensland, auf deren Campus in der Regel siebzig oder achtzig wilde Kängurus herumstreunten. Gleich nach unserer Ankunft erblickten wir direkt vor uns zwei Prachtexemplare, die sich in der Sonne wärmten. Ich war total aufgeregt.

»Kann ich vorsichtig hinkrabbeln und eines streicheln?«, fragte ich im Scherz.

»Sicher«, erwiderte er mit australischer Gelassenheit.

Auf Händen und Knien schlich ich mich in den Busch (so scheint es mir zumindest in der Erinnerung). Strategisch machte ich einen weiten Bogen um die Kängurus, um nicht bemerkt zu werden, bis ich mich unmittelbar hinter ihnen befand. Erfolgstrunken streckte ich die Hand aus, um dem größeren über den Rücken zu streichen.

Irgendwie war mir entgangen, dass es sich bei dem kleineren Känguru wohl um ein Jungtier handelte, das zu schützen sich die Mutter berufen fühlte. Die Handlung verdichtete sich.

Das Mutterkänguru hatte nicht erwartet, dass ich plötzlich hinter ihm auftauchen würde, und erschrak. Es sprang auf die Hinterläufe, drehte sich zu mir herum, nahm Boxstellung ein und wappnete sich zum Kampf. In weiter Entfernung hörte ich meinen Führer mit ruhiger Stimme sagen: »Kriechen Sie jetzt zurück … rasch.«

Es gelang mir, unbeschadet zu entkommen. Meine Beziehung zu Kängurus profitierte von diesem Erlebnis allerdings kaum.

Das bringt uns natürlich zu der Frage, warum so viele Führungskräfte eine so große Abneigung gegen das Führen hegen. Gemeinsam illustrieren Tatiana und die Kängurus jene kapitale Hilflosigkeit, die wir gemeinhin als Führen bezeichnen.

Die folgenden Vergleiche bringen Sie möglicherweise auf die eine oder andere Idee.

INTENTION / INTERPRETATION	SZENARIO	
	Post überbringen	Känguru streicheln
Tatianas bzw. meine Intention	ein positives Band knüpfen	ein positives Band knüpfen
Tatianas bzw. mein Verhalten	eine bescheidene, aktive Respektbekundung gegenüber dem Team	eine ruhige, sanfte Annäherung zwecks Bekundung meiner friedlichen Absicht
Wunsch des Teams bzw. des Kängurus	in Ruhe gelassen werden	in Ruhe gelassen werden
Interpretation durch Team bzw. Känguru	GEFAHR! Verletzung der Privatsphäre	GEFAHR! Verletzung der Privatsphäre
Innere Reaktion von Team bzw. Känguru	Bedrohliche Situation!	Bedrohliche Situation!
Äußere Reaktion von Team bzw. Känguru	Wappnung zum Kampf	Wappnung zum Kampf

Wie ist eine so komplette Nichtübereinstimmung von Intention und Interpretation möglich? Sind das die einzigen beiden Beispiele dieser Art oder – viel alarmierender – sind sie allgegenwärtiger Bestandteil unserer gesamten Existenz?

Am liebsten würde ich auf diese Frage nicht antworten. Aber ich werde es dennoch tun, liegt mir doch Ihr beruflicher Erfolg am Herzen. Das typische Zusammenspiel von Intention und Interpretation sieht so aus:

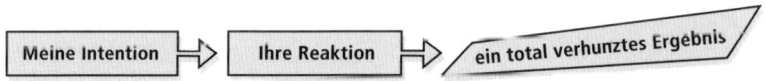

Ja, liebe Leser. Solche Missverständnisse durchziehen unser ganzes Leben. So, jetzt ist es gesagt. Am besten, man legt die Dinge zu Beginn einer Beziehung auf den Tisch, meinen Sie nicht auch? Dann wissen Sie wenigstens, worauf Sie sich da einlassen. Wenn jetzt jemand das Buch beiseite legen will, habe ich dafür vollstes Verständnis. Nur denken Sie daran: Sie können weglaufen, aber das rettet Sie nicht. War nett, Sie kennenzulernen.

Wenn Sie aber dabeibleiben wollen, lassen Sie sich sagen: Ich bin froh, dass Sie so schnell nichts aus der Ruhe bringt.

Legen wir also los

Eine Reise von tausend Schritten (nicht so schlecht angesichts der heutigen Inflation) beginnt damit, dass wir unser eigenes süßes Ich verstehen lernen. Glücklicherweise habe ich die Schwerstarbeit bereits für Sie geleistet. Ihnen bleibt nur noch, sich mit einem Milchkaffee in einem schicken Café niederzulassen und dieses Buch so in die Höhe zu halten, dass die Umsitzenden den Titel notieren können.

Lesen Sie es als E-Book? Jetzt haben Sie mich ausgetrickst!

Zur Wiederholung: Menschen hassen die Führungstätigkeit, weil sie kraftzehrend ist und uns daran hindert, anderen wichtigen Beschäftigungen nachzugehen. Und dann gibt es da die verfehlte Vorstellung, wer eine gute Führungskraft sein (und jenen begehrten Chefparkplatz ergattern) wolle, müsse seine Persönlichkeit in eine vordefinierte Passform zwängen.

Dieses Buch hilft Ihnen, einen Führungsstil zu entwickeln, der perfekt zu Ihnen passt und Ihre natürlichen Stärken zur Entfaltung bringt. Die Führungsaufgabe wird dadurch erheblich einfacher und befriedigender.

Sie lernen, wie Sie als geschickte Führungskraft sich selbst treu bleiben und gleichzeitig den Erwartungen anderer gerecht werden können. Ein flexibler Führungsstil bedeutet nicht, das Ruder aus der Hand zu geben, sondern zu begreifen, wie andere die Realität wahrnehmen, um auf dieser Basis gemeinsam erfolgreich zu sein. Zuerst jedoch müssen Sie sich Ihres eigenen Führungsstils bewusst werden. Interessiert?

Dann begleiten Sie mich ins nächste Kapitel.

Kapitel 2

Wer sind Sie?

»Reden wir nicht von mir,
sondern lieber von euch ...
Wie findet ihr mich?«

C. C. Bloom (von Bette Midler
gespielte Figur in der Literatur-
verfilmung »Freundinnen«;
Drehbuch von M. A. Donoghue)

Einst war da ein Manager namens Ich,
der nicht wusste, was zu tun er gedachte.
Bis eines Tages dieses Quiz er machte,
sein Geschäft unter die eigene Kontrolle brachte
und zum Führungsstar mauserte sich.

Warum lesen Manager nicht einfach einen anerkannten Schinken zum Thema Führung (es gibt allein unter diesem Titel mehrere Optionen), tun, wie ihnen geheißen, und fahren mit ihrem Leben fort?

Weil es *die* richtige Vorgehensweise nicht gibt. Bei der Frage, wie eine erfolgreiche Mitarbeiterführung aussieht, gibt es unendlich viele Variablen zu beachten, und diese ändern sich mit jedem einzelnen Ihrer Mitarbeiter.

Wenn das kein entmutigender Gedanke ist!

Die Menschen sind nun mal mit diesem nervigen Ding ausgestattet, das wir für gewöhnlich als Persönlichkeit bezeichnen. Persönlichkeiten können einem den Rest geben. Besonders, wenn sie so ganz anders sind. Und wenn wir uns besser kennen, wird mir die Ihrige mitunter selbst dann unerträglich sein, wenn sie meiner höchst ähnlich ist, auf dass es uns nicht langweilig werde. Die Hälfte der Zeit ertrage ich ja nicht einmal mich selbst.

Wann wird es jene Robotermenschen geben, die uns schon in den 1970er-Jahren angekündigt wurden?

Als MBA bin ich es gewohnt, auf nützliche Darstellungen und Zahlen zurückzugreifen, wenn ich mich erklären will. Hier ist meine Version:

Ich (Manager) + Sie (Mitarbeiter) =   Ka-Boom!

Ein Teil der Verwirrung und des allgemeinen Chaos, das nur einen Millimeter unter der Oberfläche jeder elementaren, scheinbar gut funktionierenden Organisation lauert, ist dem verhängnisvollen Aufeinanderprallen von Persönlichkeiten zu verdanken.

Es gibt viele Persönlichkeitsaspekte. Die Einteilung Verstandes-/Gefühlsmensch ist eine jener vier *Dimensionen*, die im Myers-Briggs-Typenindikator eine Rolle spielen. Von ihr hängt es ab, wie wir Entscheidungen treffen, wie wir kommunizieren und führen. Den neugierigen Akademikern unter meinen Lesern sei gesagt, dass der Myers-Briggs-Typenindikator (MBTI) auf den Lehren C. G. Jungs basiert. Stellen Sie sich Jung als den Großvater der Persönlichkeitstheorie vor. Mittlerweile vielleicht auch als Urgroßvater.

Führung für Führungshasser (FfF – so ein packendes Kürzel ... so einprägsam!) wird Sie durch das Verstandes- und Gefühls*kontinuum* führen, jene hehre Höhle unserer inneren Welten. Sie werden vielseitige Techniken erlernen, wie Sie zum Führungsstar werden, indem Sie Sie selbst bleiben. Sind Sie dabei?

Die guten Nachrichten reißen nicht ab. Die Techniken, die vorgestellt werden, sind auf so gut wie alle Führungssituationen übertragbar. Ich weiß nicht einmal, warum ich »so gut wie« sage. Mir fallen keine Ausnahmen ein. In einer Welt voller Anwälte kann man nicht vorsichtig genug sein. Wenn Sie einer Ausnahme begegnen, können Sie sie an meine Leute mailen. Ich werde dann behaupten, dass die Nachricht niemals auf meinem Schreibtisch gelandet ist.

Beginnen wir mit der Grundannahme, dass jeder Mensch sowohl denkt als auch fühlt. Sagen wir, fast jeder. Aber das ist ein Thema, das uns später noch beschäftigen wird. Für die gegenwärtigen Zwecke reicht uns diese Prämisse.

Als Führungskraft müssen Sie täglich Unmengen Entscheidungen treffen. Rasch. Wie Sie sie treffen, ist ein wesentlicher Aspekt Ihrer Führungsweise. Ich spreche bewusst nicht davon, *welche* Entscheidungen Sie treffen. Wir befinden uns hier eine Ebene tiefer ... und graben nach der *Art, wie* Sie Ihre Entscheidungen treffen.

Auch wenn Verstandesmenschen (meistenteils) zu echten Gefühlen fähig sind und Gefühlsmenschen (manchen Missverständnissen zum Trotz) einen eigenen Kopf haben, können wir dennoch sagen:

Verstandesmenschen führen mit dem Kopf, Gefühlsmenschen führen mit dem Herzen.

Von dieser Seite an sprechen wir von »Verstandesmenschen« (oder kurz V), wenn wir Menschen meinen, »die vorrangig Verstandesentscheidungen treffen«. Und wir sprechen von »Gefühlsmenschen« (oder kurz G), wenn wir Menschen im Sinn haben, »die vorrangig Gefühlsentscheidungen treffen«.

Dieses Kapitel handelt zudem vom *Kontinuum* der Verstandes- und Gefühlsmenschen, denn es gibt dort diverse Abstufungen, Schattierungen oder Grade, wenn Sie so wollen.

Die Königsregel

Es wäre verrückt zu behaupten, es gäbe klare und verlässliche Regeln, wie man aus sich die beste aller Führungskräfte macht. Eine echte Krankheit. Nun ja, *eine* Regel gibt es. Und *ich* stelle sie auf. Fanfaren!

Die einzige unbestreitbare, unwiderlegbare, unleugbare, brillante, lebensverändernde Regel, Doktrin, Gesetzmäßigkeit, ZWINGENDE Voraussetzung dafür, die bestmögliche Führungskraft aller Zeiten zu sein, ist …

… man selbst zu sein.

Klar wie Kloßbrühe, oder? Eine Brühe nach einem komplizierten, vielstufigen, sorgfältig ausgeführten und in vielen Jahren entwickelten Familienrezept. Vielleicht.

Eine erschreckende Zahl von Schritten und Fähigkeiten ist erforderlich, um man selbst zu sein. Seufz. Kann denn *nichts* einfach sein in dieser Welt? Genauso geht es mir auch.

Zum Glück habe ich in Ihrem Interesse auf Jahre auf ein potenziell unbeschwertes und sorgenfreies Leben verzichtet.

Während Sie … was auch immer … taten, bin ich die Sache angegangen und habe mich fast ausschließlich mit den Nuancen und Schattierungen der menschlichen Persönlichkeit auseinandergesetzt. Natürlich habe ich von Zeit zu Zeit Luft geholt und mich ernährt, aber das war es auch. Und jetzt händige ich Ihnen freiwillig die Ergebnisse meiner Plackerei aus, damit Sie davon tagtäglich profitieren können. Sie können sich ja mal über ein nettes Weihnachtsgeschenk Gedanken machen; dafür ist es nie zu früh.

Der Weg zum Man-selbst-Sein führt über das Sich-selbst-Kennen. Im Rahmen der folgenden Bestandsaufnahme können Sie sich über einen zentralen Aspekt Ihrer Persönlichkeit Rechenschaft ablegen, der Ihnen helfen wird, das Beste aus sich als Führungskraft zu machen.

Die Typisierung Verstandes-/Gefühlsmensch (V/G) ist ein wichtiger Indikator dafür, wie jemand in einem Arbeitsumfeld führt. Diese Präferenz bezieht sich sowohl auf das Verhalten als auch auf die innere Erlebnisverarbeitung.

Sie werden verschiedene Persönlichkeitstypen kennenlernen – nicht nur Ihren eigenen, sondern auch andere, weil Sie mit Sicherheit im Rahmen Ihrer Führungstätigkeit mit zahlreichen Verrückten von der »anderen Seite« zu tun haben werden (je nachdem, zu welcher Seite Sie gehören). Verständnis für das Verhalten Ihrer Mitarbeiter am Arbeitsplatz hilft Ihnen, den Frust zu reduzieren und erfolgreicher zu agieren. Auf diese Weise gewinnen Sie mehr Zeit und Energie.

Falls es Sie interessiert: Persönlichkeits*temperamente* sind angeboren. Daraus folgt, dass Ihre Vorlieben, Ihr Wesen und ihre natürliche Art untrennbar zu Ihnen gehören. Das schränkt Sie in keiner Weise ein. Sie sind Herr über Ihre Fähigkeiten – und können sich aneignen, was immer Ihnen wichtig erscheint. Manche Menschen entwickeln ein solches Geschick im Simulieren von Verhaltensweisen eines entgegengesetzten Temperaments, dass der beiläufige Beobachter sie für die Ihnen angeborenen halten mag. Das ist nicht mit Künstlichkeit gleichzusetzen; es ist vielmehr Ausdruck von Flexibilität. Später sehr viel mehr dazu.

Ziehen Sie jetzt den Sicherheitsgurt stramm – wir sind drauf und dran, Ihr wahres Ich unter der gelackten Oberfläche ausfindig zu machen. Es ist höchste Zeit.

Anleitung zur Selbsteinschätzung

 Jeder nachfolgend nummerierte Satz lässt sich auf zwei Arten vervollständigen. Verteilen Sie je nach Ihren natürlichen Vorlieben und Sichtweisen drei Punkte auf die zwei Optionen. Mögliche Punkteverteilungen sind 3:0 oder 2:1. Halbe Punkte sind nicht zulässig. Wenn Sie mit A ganz und gar und mit B überhaupt nicht einverstanden sind, setzen Sie A = 3 und B = 0. Wenn Ihnen A nicht vollkommen abwegig erscheint, B aber mehr einleuchtet, setzen Sie A = 1 und B = 2. Antworten Sie gemäß Ihrem natürlichen Temperament, nicht nach dem, was Sie gelernt haben oder was Sie für »richtig« halten.

1.	Ein Topmanager zeigt …	
	A Stärke und analytischen Scharfsinn. B Empathie und Fürsorge.	2 1
2.	Es ist wichtiger, …	
	A sich die Namen der Mitarbeiter einzuprägen und von ihnen Gebrauch zu machen. B Mitarbeiter logisch und konsequent zu fördern.	2 1
3.	Teams funktionieren am besten, wenn …	
	A die Mitglieder sich sicher und wertgeschätzt fühlen. B die Mitglieder klar definierte Rollen haben.	2 1
4.	Bevor Sie jemanden einstellen, …	
	A prüfen Sie die Referenzen und Qualifikationsnachweise. B müssen Sie spüren, dass eine Beziehung und Verbindung besteht.	3 0
5.	Wenn Sie einem Mitarbeiter Feedback geben, …	
	A wollen Sie, dass der Betreffende das Gefühl hat, dass man ihm zuhört. B konzentrieren Sie sich auf das, was verändert werden muss.	2 1

6.	Wenn Sie einen Mitarbeiter entlassen, achten Sie vorrangig ...	
	A darauf, dass Sie Ihre Dokumentation zur Hand haben. B auf seine persönliche emotionale Reaktion.	1 2
7.	Mitarbeiter arbeiten dann am meisten, wenn sie überzeugt sind, ...	
	A dass sie einen sinnvollen Beitrag leisten. B dass das Unternehmen in guter finanzieller und struktureller Verfassung ist.	3 0
8.	Um Mitarbeiter zu motivieren, ...	
	A geben Sie ihnen regelmäßig positive Bestätigung. B entwickeln Sie Leistungsbewertungsstrategien.	3 0
9.	Sie beurteilen Ihre eigene Fähigkeit zum Führen danach, ob Sie ...	
	A technische Fähigkeiten stärken und entwickeln. B Vertrauen und Beziehungen stärken und entwickeln.	0 3
10.	Eine Grundvoraussetzung für gute Mitarbeiterführung ist:	
	A Autorität B Empathie	0 3
11.	Wenn Sie einigermaßen sicher sein können, dass Sie einem Menschen später nie mehr über den Weg laufen werden, ...	
	A versuchen Sie dennoch, den Austausch positiv zu gestalten. B interessiert es Sie wenig, wie der Betreffende über Sie denkt.	2 1
12.	Sie sind zufriedener mit einem Tag, an dem Sie ...	
	A besonders effizient waren. B jemandem mit einer guten Tat weiterhelfen konnten.	2 1

Selbsteinschätzungstabelle

(Achtung! Die Spalten enthalten eine Mischung aus A und B!)

1.	A = 2	B = 1
2.	B = 1	A = 2
3.	B = 1	A = 2
4.	A = 3	B = 0
5.	B = 1	A = 2
6.	A = 1	B = 2
7.	B = 0	A = 3
8.	B = 0	A = 3
9.	A = 0	B = 3
10.	A = 0	B = 3
11.	B = 1	A = 2
12.	A = 2	B = 1
Gesamt (36)	Verstandesmensch = 12	Gefühlsmensch = 24
32 – 36: starke Präferenz		
28 – 31: klare Präferenz		
22 – 27: moderate Präferenz		
19 – 21: schwache Präferenz		

Das Spektrum

Alle Persönlichkeitsdimensionen existieren entlang eines Kontinuums, einer Art Skala. Es gibt nicht *die* zwei stereotypen Persönlichkeiten, d. h. den reinen Verstandesmenschen (V) und den reinen Gefühlsmenschen (G). Wäre es nur so! Stellen Sie sich vor, wie viel einfacher Mitarbeiterbesprechungen wären – besonders, wenn die zwei Lager getrennte Sitzungen abhielten.

Es gibt eine ganze Reihe von Persönlichkeitsstilen. V / G ist nur einer von vielen Aspekten unserer komplexen Dispositionen. Daneben werden unsere Interaktionen noch von weiteren Persönlichkeitsdimensionen beeinflusst. Introversion und Extroversion beispielsweise prägen unseren Führungsstil ebenfalls, wie wir in Kapitel 9 sehen werden. Dennoch unterstreicht dieses Buch den V / G-Aspekt, weil er sich besonders stark und ungefiltert darauf auswirkt, wie wir führen.

Um die Dinge in Bewegung zu halten, kommen die Vs und Gs noch in diversen Ausprägungen vor. Wir werden Vs und Gs mit starker, klarer, moderater und schwacher Präferenz begegnen. Was ich einen waschechten V nenne (mit Präferenz 32 – 36), unterscheidet sich deutlich von einem schwachen V (mit Präferenz 19 – 21). Und dennoch ist auch eine Betrachtung der groben Merkmalsunterschiede zwischen den Vs und Gs bereits in hohem Maße aufschlussreich.

Was ist, wenn Sie sich in der Mitte wiederfinden? Angenommen, Sie erzielen bei der Selbsteinschätzung ein glattes Unentschieden von 18 : 18 – oder in der Nähe davon. Müssen Sie sich dann sofort in Behandlung begeben? Nein. Ein Ergebnis im Mittelbereich des Kontinuums bedeutet in keiner Weise, dass Sie unberechenbar, wischiwaschi oder verwirrt wären. Im Gegenteil: Ihr Resultat belegt, dass Sie eine solide Dosis von Verstandes- als auch Gefühlsattributen in sich tragen. Sie können gleich loslegen.

Ein Gleichstand oder eine leichte Präferenz zeigen, dass Sie weniger Mühe haben, diverse andere Persönlichkeiten zu verstehen, mit ihnen in Kontakt zu treten oder sie zu führen, als diejenigen von uns, die sich an den äußersten Enden des Spektrums wiederfinden. Wenn ich in meine Kristallkugel schaue, würde ich sagen, dass Sie auch die natürliche Fähigkeit mitbringen, Beziehungen zu knüpfen, Koalitionen zu bilden und in Konflikten zu vermitteln. Auch andere können diese Techniken erlernen, nur tun sie sich damit schwerer. Gleichzeitig ist es sicherlich hilfreich, ein solides Verständnis auch für jene zu entwickeln, die eine ausgeprägtere Präferenz zeigen als Sie selbst.

Während wir die vielen Abstufungen im Spektrum zwischen V und G nicht aus den Augen verlieren, wollen wir uns dennoch vorrangig mit den Extremen beschäftigen. Wir tun dies bewusst, um die Unterschiede zu unterstreichen. Es ist wichtig, dass wir begreifen, was die Führungsstile von Verstandes- und Gefühlsmenschen unterscheidet, um ein Gespür für die feineren Nuancen zu entwickeln.

Gefühls- und Verstandesmenschen

Alles hat seinen Grund, selbst die Tatsache, dass dieser Abschnitt den Titel »Gefühls- und Verstandesmenschen« und nicht etwa »Verstandes- und Gefühlsmenschen« trägt: Kämen die Gefühlsmenschen an zweiter Stelle, würden sie daraus nur falsche Schlüsse ziehen, während den Verstandesmenschen die Reihenfolge herzlich egal ist. Das ist ein Beispiel dafür, wie die Kenntnis der unterschiedlichen Typen hilft, die jeweiligen Bedürfnisse und Vorlieben zu verstehen.

Wenn das keine erfreuliche Aussicht ist, nicht wahr?

Wenn ich die V/G-Bewertung einführe, kommt häufig Protest. Verstandes- und Gefühlsmenschen sind künstliche Attribute und in Wirklichkeit existieren weder die einen noch die anderen in Reinform.

Das überrascht Sie vielleicht; machen Sie sich darauf gefasst: Die V/G-Dimension ist keine Frage der Intelligenz – oder der emotionalen Veranlagung. Sie hat auch nichts mit Entschlusskraft oder der Qualität der getroffenen Entscheidungen zu tun. Ebenso wenig mit Kreativität. Worum also geht es bei der V/G-Frage?

Wo Sie auf der V/G-Skala angesiedelt sind, hängt davon ab, ob Sie vorrangig mit dem Kopf oder mit dem Herzen führen. Wenn ein V in einer bestimmten Situation überlegt, was zu tun ist, orientiert er sich an Prinzipien und neigt typischerweise zur rationalsten Entscheidung, während ein G sich an Werten orientiert und häufig zur einfühlsamsten Entscheidung tendiert.

Betrachten Sie diese handliche Zusammenfassung, die ich speziell für Sie angefertigt habe:

Verstandesbasierte Führungskräfte sind:

- analytisch

- unvoreingenommen

- objektiv

Verstandesmenschen treffen Entscheidungen auf gedanklichem Wege.

Verstandesmenschen legen Wert auf:

- Logik

- Vernunft

- Gerechtigkeit

Verstandesmenschen trennen Emotionen von Zielen und Konsequenzen.

Gefühlsbasierte Führungskräfte sind:

- verständnisvoll

- beteiligt

- subjektiv

Gefühlsmenschen treffen Entscheidungen auf gefühlsmäßigem Wege.

Gefühlsmenschen legen Wert auf:

- Harmonie

- Freundlichkeit

- Empathie

Gefühlsmenschen identifizieren sich mit dem emotionalen Zustand anderer Menschen und machen ihn sich zu eigen.

Die Erkenntnis, dass man es nicht jedem recht machen kann, lässt Vs mit der Schulter zucken, während Gs regelmäßig deswegen verzweifeln. Was Sie aber tun können, ist, sich selbst zu beobachten, wie Sie in einer bestimmten Situation reagieren. Machen Sie den Realitätstest und besprechen Sie Ihre Reaktionen mit anderen. Orientieren Sie sich am optimalen Gesamtergebnis und stellen Sie Ihr Verhalten darauf ab.

Und ja, Verstandesmenschen haben Gefühle und Gefühlsmenschen einen Verstand. Alle Menschen denken und fühlen. Es ist lediglich eine Frage der Gewichtung.

Verändern sich Menschen? Ja. Oszillieren sie zwischen V und G hin und her? Manchmal. Hängt davon ab. Die meisten von uns bleiben ihrem Temperament weitgehend treu. Wenn Sie hingegen nur eine leichte Vorliebe für V oder für G zeigen, sollte es mich nicht wundern, wenn Sie täglich zwischen beidem hin- und herwechseln.

Konflikte oder Verbindungen?

Was bedeutet Führung? Wenn man Vs und Gs danach befragt, erhält man ganz unterschiedliche Antworten. Hier ist ein Prachtexemplar von einem eingefleischten *Verstandesmenschen*:

»Führung handelt von Konflikten – inneren Konflikten, Konflikten mit anderen Menschen, Konflikten mit Prozessen, Verfahren, Daten und so weiter. Das Ärgerlichste am Führen aber ist, dass Performance, Erfolg und Arbeitsplatzzufriedenheit von anderen abhängen. Sie können ein verdammtes Genie sein, und als Ingenieur wären Sie der Held der Firma. Aber wenn Sie eine schlechte Führungskraft sind, sind Sie am Ende kein Genie mehr, sondern nur eine schlechte Führungskraft. Das Brutale am Führen sind all diese Abhängigkeiten zwischen Ihnen und Ihren Leuten, und die Komplexität dieser Situation macht uns fertig.«

Ich könnte mich eine Woche lang an diesem Zitat laben …

Und das erwidert ein *Gefühlsmensch* auf dieselbe Frage:

> »Im Kern handelt Führung davon, Verbindungen zu knüpfen und ein sicheres und respektvolles Umfeld des offenen Austauschs und der Kommunikation zu schaffen. Führen heißt Verbinden. Der schwierigste Teil des Führens ist die Notwendigkeit, die eigenen empathischen Gefühle hintenanzustellen und sich auf Verhaltensweisen zu konzentrieren. Besonders ungern befasse ich mich mit negativen Dingen, wenn ein Mitarbeiter seine Sache nicht gut macht.«

Was ist an diesen zwei Antworten so typisch V beziehungsweise so typisch G? Nehmen wir die Aussagen genauer unter die Lupe.

Der *Verstandesmensch* spricht mit Leichtigkeit über *Konflikte*, ein Wort, das für einen Gefühlsmenschen nach Negativität und Unfrieden riecht. Er redet mit der üblichen Autorität und wirft mit praktischen, objektiven professionellen Erfolgskriterien um sich. Er betreibt auch keine Wortspielereien: Er versucht seine Meinung nicht euphemistisch zu verpacken.

Der *Gefühlsmensch* entschuldigt sich gewissermaßen für seine Meinung (beide Beispiele stammen von Männern). Er verwendet »Gefühlsworte« – *sicher, schaffen, respektvoll, Gefühle*. Der Verstandesmensch spricht mit Objektivität – *Prozesse, Verfahren, Daten, Performance, Komplexität*.

Schauen Sie sich diese Antworten noch einmal an und achten Sie auf die mit der Leichtigkeit und Üppigkeit von Hochzeitsreis über uns ausgestreuten Hinweise. Keine Angst, ich werde Sie nicht zwingen, zurückzublättern und Ihren Tagesschnitt gelesener Seiten in Gefahr zu bringen. Sie finden die Absätze hier noch einmal abgedruckt und mit Hervorhebungen in fetter Schrift versehen.

Die entschlüsselte Antwort des Verstandesmenschen

Führung handelt von **Konflikten** – inneren **Konflikten, Konflikten** mit anderen Menschen, **Konflikten** mit **Prozessen, Verfahren, Daten** und so weiter. Das Ärgerlichste am Führen aber ist, dass **Performance**, Erfolg und **Arbeitsplatzzufriedenheit** von anderen abhängen. Sie können ein verdammtes Genie sein, und als Ingenieur wären Sie der Held der Firma. Aber wenn Sie eine **schlechte Führungskraft** sind, sind Sie am Ende eben kein Genie mehr, sondern nur eine **schlechte Führungskraft**. Das Brutale am Führen sind all diese Abhängigkeiten zwischen Ihnen und Ihren Leuten, und die **Komplexität** dieser Situation macht uns fertig.

Die entmystifizierte Antwort des Gefühlsmenschen

Im Kern handelt Führung davon, **Verbindungen** zu **knüpfen** und ein **sicheres** und **respektvolles** Umfeld des **offenen Austauschs** und der Kommunikation zu **schaffen**. Führen heißt **Verbinden**.

Der schwierigste Teil des Führens ist die Notwendigkeit, die eigenen **empathischen Gefühle** hintenanzustellen und sich auf Verhaltensweisen zu konzentrieren. Besonders **ungern** befasse ich mich mit **negativen** Dingen, wenn ein Mitarbeiter seine Sache nicht gut macht.

Sobald Sie sich daran gewöhnt haben, verräterische Hinweise aufzuspüren, wird daraus ein Sport. Auch wenn dies Verhalten das gute klassische Herz-Kreislauf-Training natürlich nicht ersetzen kann.

Ein paar nützliche Gegenüberstellungen

Verstandesmenschen	Gefühlsmenschen
führen mit dem Kopf	führen mit dem Herzen
legen Wert auf Logik	legen Wert auf Harmonie
wollen fair sein	wollen ermutigen
achten mehr auf Ideen als auf Gefühle	achten mehr auf Gefühle als auf Ideen
neigen zu Bestimmtheit und Härte	neigen zu Anteilnahme und Empathie
analysieren	interpretieren
verletzen mitunter anderer Leute Gefühle, ohne es zu merken	sehen Dinge mitunter allzu personenbezogen
können ohne emotionale Bedenken Tadel austeilen	tun sich schwer mit der Überbringung negativen Feedbacks
tendieren dazu, sich von den Auswirkungen ihres Handelns innerlich zu distanzieren	tendieren dazu, sich allzu sehr mit den Gefühlen ihrer Mitarbeiter zu identifizieren

Der letzte Eintrag in der Liste erinnert mich an einen hochrangigen Verstandesmenschen aus der Immobilienbranche. Er managt ein anspruchsvolles Portfolio in einem angespannten Umfeld. Er definiert kollektive Ziele, unterstützt seine Mitarbeiter und setzt sich für seine Abteilung ein. Folglich verfügt er über treue und fleißige Mitarbeiter. Er hat einen eigenen Begriff geschaffen: wantitude. Gemeint ist jene Kombination aus Einstellung und Leidenschaft, die beschreibt, was er von sich und den Menschen um sich herum erwartet. Ich fragte ihn, wie er es fertigbringt, negatives Feedback zu geben. Er lächelte freundlich, zuckte mit den Schultern und erklärte: »Für mich sind solche Gespräche kein Problem. Nicht ich bin es, der zu wenig Leistung bringt.« Seiner Authentizität ist es zu verdanken, dass sein verstandesmäßiger Führungsansatz gut funktioniert.

Manche Umgebungen und Situationen verlangen nach einer überdurchschnittlichen Quote von Verstandes- oder Gefühlsmenschen. In vielen Non-Profit-Organisationen beispielsweise, für die ich tätig war oder bin, sind Gefühlsmenschen besonders stark vertreten, während die Finanzbranche häufig einen hohen Prozentsatz an Verstandesmenschen anzieht. Innerhalb der Unternehmen oder Institutionen sind in der Buchhaltung häufig die Verstandesmenschen und im Personalwesen die Gefühlsmenschen in der Überzahl.

Gleichzeitig überrascht es Sie vielleicht, wenn Sie in einer Graswurzelorganisation [eine Bürgerbewegung] inmitten von lauter Gefühlsmenschen einen Verstandesmenschen oder in der Baubranche inmitten von lauter Verstandesmenschen einen Gefühlsmenschen vorfinden. Wer Leidenschaft für seine Arbeit mitbringt, kann seinen Stil an jede Branche anpassen.

Verstandes- und Gefühlsmenschen können gleiche Berufe mit unterschiedlicher Zielrichtung verfolgen. So könnte man beispielsweise meinen, Englischlehrer in Schulen seien in der Regel Gefühlsmenschen, die für ihre Schützlinge eine ermutigende, warme Umgebung voller positiver Bestätigung schaffen wollen. Ein Highschool-Englischlehrer hingegen, mit dem ich gearbeitet habe, war ein ausgesprochener Verstandesmensch. Er brachte den Schülern Struktur und Organisation bei und bereitete sie mit Strategien auf zukünftige Herausforderungen vor. Die Schüler sagten, einen so strengen Lehrer hätten sie nie zuvor gehabt. Jahr um Jahr gewann er Schülerauszeichnungen für seinen Unterricht.

Volle Transparenz. Zumindest teilweise.

Ich will meine Karten auf den Tisch legen. Ich bin ein … wie soll ich sagen? Flammender Gefühlsmensch. Glauben Sie mir, das macht das Leben nicht einfacher! Im Kopf von uns Gefühlsmenschen wirbelt es nur so herum, wenn wir alles, was man uns sagt, was wir entgegnen und was unsere Gefühle dazu sagen, der psychologischen Daueranalyse unterziehen.

Ich nehme es aber als wunderbares Kompliment, dass ich im Job häufig für einen Verstandesmenschen gehalten werde. Das heißt nicht, dass Verstandesmenschen etwas Besseres sind. Wäre ich ein starker Verstandesmensch und das Gegenteil würde passieren, wäre ich ebenso geschmeichelt. Nun ja, ich würde es als Beleg meiner Stärke sehen. Das Fazit ist, dass Führungskräfte beider Temperamente lernen können, ihren Stil so zu flexibilisieren, dass er täuschend echt herüberkommt.

Wer lernt, flexibel zu kommunizieren, verändert damit noch nicht sein Wesen. Er wird damit nicht falsch. Im Gegenteil. Wer eine flexible Führungskraft sein will, muss sich selbst sehr genau kennen, über eine scharfe Beobachtungsgabe verfügen und seine angeborenen Stärken zur vollen Entfaltung bringen.

Ich bin also ein Gefühlsmensch, der bei Bedarf in den Verstandesmodus umschalten kann. Das ist nur die halbe Wahrheit, denn daneben bin ich auch introvertiert veranlagt (siehe Kapitel 9) und verspüre dementsprechend wenig Lust, Ihnen allzu viel über mich zu verraten.

Da müssen Sie sich mit dem zufriedengeben, was Sie bekommen.

Kapitel 3

Gefühlsmenschen denken und Verstandes- menschen fühlen

»Glücklich ist derjenige, dessen Lebensumstände seinem Temperament angepasst sind; höher noch aber steht derjenige, der sein Temperament allen Lebensumständen anzupassen vermag.«
DAVID HUME

Es war einmal der Verstandesmensch Birte.
Mit Kopf sie war ihren Leuten ein Hirte.
Bis ein Gefühlsmensch namens Olaf
sagte, er fühle sich behandelt wie ein Schaf;
drauf sie ihren Stil flexibilisierte.

Ich will Ihnen die aus dem alten Indien stammende Parabel von den drei blinden Männern und dem Elefanten erzählen. Sofern Sie sie bereits kennen, dürfen Sie gern mit einstimmen. Sie geht ungefähr folgendermaßen:

Drei blinde Männer betasten alle denselben Elefanten – einer am Stoßzahn, einer am Bein und einer am Schwanz.

Jeder von ihnen beschreibt anschließend den Elefanten ausgehend von dem, was seine Hände gefühlt hatten. Die drei sind sich völlig uneins. Der Mann, der den Stoßzahn angefasst hatte, sagt, ein Elefant sei wie eine geschmeidige Pfeife. Der zweite Mann meint, ein Elefant gleiche einer Säule, und der dritte Mann, der den Schwanz ergriffen hatte, beschreibt ihn wie ein Seil.

Die drei Blinden wenden sich an den König, damit er ihren Streit schlichte. Der weise König gibt zur Antwort, dass sie alle Recht hätten. Er erklärt, dass ein Elefant alle beschriebenen Eigenschaften hat und dass sie lediglich das, was sie jeweils wussten, unterschiedlich interpretiert hätten.

Der König macht den drei Blinden deutlich, dass Menschen trotz ihrer unterschiedlichen Sichtweise harmonisch zusammenleben könnten. Ebenso könne die Wahrheit in unterschiedlicher Weise beschrieben werden.

Behalten Sie diese Metapher im Auge, wenn Sie weiterlesen.

Gefühle. Nichts als Gefühle!

Eine kurze, *einfühlsame* Geschichte der Gefühlsmenschen

»Drei Dinge sind im Leben des Menschen von Bedeutung.
Das erste ist freundlich sein. Das zweite ist freundlich sein.
Und das dritte ist freundlich sein.«
HENRY JAMES

 Ich musste einfach diesem Abschnitt die »National-hymne der Gefühlsmenschen« voranstellen – andere Vorschläge sind willkommen. Suchen Sie etwas, für das Sie heute schwärmen können? Seien Sie froh, dass dies kein Hörbuch ist; ich wurde bereits einmal wegen Singens festgenommen (neben anderen Dingen, die besser vergessen bleiben). Um den Gefühls-menschen ein wenig zu beleuchten, habe ich hier *auf der Basis von Gesprächen mit Gs am Arbeitsplatz eine bunte Frage-/Antwort-liste* zusammengestellt. Der Abschnitt für die Verstandesmenschen be-ginnt mit einer ebensolchen Liste mit deren ganz anderen Antworten.

F: *»Wer geht Ihnen auf den Wecker?«*
A: »Unfreundliche Menschen.«

F: *»Was möchten Sie ihnen sagen?«*
A: »Warum sind Sie so unfreundlich? Würde es Sie umbringen, etwas freundlicher zu sein? Was würden Sie sagen, wenn man Sie so behandeln würde?«

F: *»Wirklich? Würden Sie das tatsächlich sagen?«*
A: »Nein. Es könnte ihre Gefühle verletzen. Und ich wünsche mir wirklich keinen Streit.«

F: *»Was motiviert Sie als Führungskraft?«*
A: »Den Menschen, die mit mir arbeiten, ein Gefühl der Erfüllung und Zufriedenheit in einem fürsorglichen Umfeld zu geben, wo jeder Achtung erfährt. Mir sind echte Beziehungen zu meinen Mitarbeitern wichtig.«

F: »Wie können Sie Ihren Stil flexibilisieren, um die temperamentüber-
greifende Zusammenarbeit zu verbessern?«

A: »Ich kann VERSUCHEN, Dinge, die allem Anschein nach nichts
mit mir zu tun haben, erst gar nicht persönlich zu nehmen ... oder
zumindest so zu tun, als würden sie mich kalt lassen.«

Schnitt. Das sind reichlich Daten, mit denen wir erst einmal loslegen
können.

Für die Gefühlsmenschen habe ich einen weisen Rat. Es gilt, eine
harte Nuss zu schlucken. Akzeptieren Sie die folgende Lebensregel –
auch wenn Sie sie nicht verstehen oder mögen:

■■■ **Sehr viele Menschen scheren sich nicht im Geringsten um Gefühle!**

Nicht für jeden sind Gefühle die Nummer eins. Unglaublich, ich weiß.
Verstandesmenschen verrichten ihre Arbeit ... nun, indem sie sie eben
verrichten. Gestatten Sie sich einen Augenblick des Neids, das ist okay.
Können Sie sich vorstellen, wie befreiend das sein kann? Lassen Sie
jetzt los; Sie sind, wer Sie sind.

Den anderen geht es genauso.

Sie sind keine Roboter. Sie sind praktische, pragmatische, logische
»Verrichter«. Solche Menschen um sich zu haben, kann sehr hilfreich
sein, glauben Sie mir. Je mehr, desto besser. Besonders nützlich sind
Verstandesmenschen in Augenblicken der Krise. Sie sollten sie wert-
schätzen und lernen, mit ihnen auszukommen.

Hören Sie auf das, was ich Ihnen hier sage. Weil es so wichtig ist, will
ich es noch einmal wiederholen: Gefühle sind nicht jedermanns Sache.
Das ist eine Vorstellung, die normalen Gefühlsmenschen so fremd ist,
dass sie sie kaum fassen können. Quälen Sie sich also nicht damit, es
partout begreifen zu wollen. Tun Sie mir den Gefallen und nehmen Sie
es mir einfach ab.

Jetzt, wo wir im selben Zug sitzen, frage ich Sie: Was wollen Sie jetzt
tun?

Sie brauchen mir nicht zu antworten; ich will es für Sie tun. Sie
werden stets ein *Q-tip* mit sich herumtragen.

Was?

Sie haben richtig gehört: ein Wattestäbchen. Los, holen Sie eines.
Nein, holen Sie eine ganze Handvoll. Legen Sie eines in Ihre Brief-

tasche, eines in Ihre oberste Schreibtischschublade, eines in Ihre Hosentasche (nehmen Sie es vor der Wäsche heraus) und eines in Ihr Auto. Dann sehen wir weiter.

Vielleicht wurden Sie noch nie in dieses (bis dato) wohl gehütete Geheimnis eingeweiht. Q-tip ist eine Abkürzung, die exklusiv für Gefühlsmenschen erfunden wurde:

Quit Taking It Personally!

(Hören Sie auf, es persönlich zu nehmen!)

Das mag anfangs etwas barsch klingen. Kritik klingt mit. Sehen Sie darüber hinweg und seien Sie ehrlich mit sich selbst. Reden wir nicht um den heißen Brei herum. Sie nehmen furchtbar viele Dinge persönlich. Erinnern Sie sich noch daran, wie der Generaldirektor Sie im Aufzug keines Blickes würdigte, derselbe, mit dem Sie sich auf der Quartalsbesprechung so verbunden gefühlt hatten? Und was ist mit dem CEO, der auf der Weihnachtsparty so beflissen jeden Augenkontakt vermied? Oder das Mal, als vier Ihrer Abteilungskollegen auswärts Mittag essen gingen und Sie nicht eingeladen waren? Oder als im letzten Jahr das gesamte von Ihnen geleitete Team den Abschluss des Großprojekts feierte und niemandem einfiel, dass auch Sie gerne mitgefeiert hätten? Das war vor über einem Jahr!

Überlegen Sie, wie viel einfacher die Arbeit wäre, wenn Sie nicht so viele Dinge persönlich nähmen.

Wollen Sie etwas Lustiges hören? Wenn ich einem Gefühlsmenschen unter meinen Klienten einen Q-tip überreiche, schlägt mir fast immer warmer Dank entgegen, noch bevor der Betreffende weiß, wie er zu dieser Ehre kommt. Der Wert, den Gefühlsmenschen den kleinen Dingen im Leben beimessen, wiegt ihre Empfindlichkeit auf der anderen Seite auf. Sobald diesem Allerweltswattestäbchen dann auch noch eine tiefgründige Bedeutung anhaftet, trägt so mancher Gefühlsmensch es überall mit sich herum oder stellt es auf seinem Schreibtisch prominent zur Schau. Wenn Gefühlsmenschen etwas lieben, dann ist es die Bedeutung einer Sache.

In den Köpfen von Gefühlsmenschen herrscht ständig Trubel, während sie die Welt um sich herum verarbeiten. Diese Eigenschaft macht aus ihnen empfindsame, feinfühlige und häufig komplizierte Menschen.

Und damit …

Fakt ist Fakt

Eine kurze, *praktische* Geschichte der Verstandesmenschen

»Ich denke, also bin ich.«
RENÉ DESCARTES

Verstandesmenschen führen mit dem Kopf.

Mögen einmal alle Verstandesmenschen die Hand heben, die sich die Mühe gemacht haben, den Abschnitt über die Gefühlsmenschen durchzulesen, anstatt lediglich bis zu ihrem eigenen Abschnitt vorzublättern. Einer, zwei … Mehr nicht?

Ich muss mit Ihnen reden. Wenngleich ich Ihre Ehrlichkeit zu schätzen weiß, will ich Sie jetzt davon überzeugen, dass es in Ihrem bestverstandenen Interesse ist, so viel wie nur möglich über die Gefühlsmenschen und ihre Lebenswelt in Erfahrung zu bringen.

Wie überzeugend ist das folgende Statement? Bewerten Sie meinen Versuch:

 Es ist wichtig, dass wir uns um unsere Mitarbeiter kümmern und ihnen zeigen, wie sehr wir sie als Menschen mögen. Indem wir ihnen mit Herzlichkeit begegnen, fühlen wir uns auch besser in unserer eigenen Haut.

Ich hoffe, Sie gaben mir ein »ungenügend«.

Ich hab das nur zum Spaß geschrieben. Ich wollte Sie damit gar nicht überzeugen. Es diente nur dazu, einen Lacher zu provozieren, um etwas Abwechslung in das Geklappere der Tastatur zu bringen, wovon die Hälfte auf das Konto der Rücktaste geht.

Mag ein solches Statement auch bei Gefühlsmenschen ankommen – Verstandesmenschen verdrehen da nur die Augen. Oder hören gar nicht erst hin. Es folgt mein zweiter Versuch, Sie zu überzeugen, dass Sie auch den Abschnitt über die Gefühlsmenschen lesen sollten:

> **Indem Sie sich über Gefühlsmenschen und darüber kundig machen, was sie motiviert, verbessern Sie Ihre eigene Produktivität. Sie werden ein erfolgreicherer Chef und benötigen dazu weniger Ressourcen.**

Besser? Überzeugt? Jetzt, hoffe ich, verstehen Sie, warum es auch für Nichtgefühlsmenschen wichtig ist, den Abschnitt »Gefühle. Nichts als Gefühle!« zu lesen. Diese Überschrift ist übrigens eine Übertreibung. Gefühlsmenschen *sind* mehr als Gefühle. Okay, verduften Sie jetzt. Und kommen Sie direkt hierher zurück, nachdem Sie Ihre Nachhilfestunde absolviert haben.

Nachdem Sie den Gefühlsmenschenabschnitt nun wenigstens überflogen haben, fragen Sie sich vielleicht, warum ich nicht auch die Gefühlsmenschen bearbeite, damit sie diesen Abschnitt lesen. Die Antwort ist einfach: Sie lesen ihn bereits.

Es ist Zeit für unsere *Frage-/Antwortliste auf der Basis von Gesprächen mit Vs am Arbeitsplatz*. Dieselben Fragen wie für die Gs – nur mit anderen Antworten.

F: *»Wer geht Ihnen auf den Wecker?«*
A: »Menschen, die ihre Gefühle an den Arbeitsplatz mitbringen.«

F: *»Was möchten Sie ihnen sagen?«*
A: »Werden Sie erwachsen, wie wir alle hier! Lassen Sie Ihre Emotionen draußen vor der Tür; wir haben hier einen Job zu erledigen.«

F: *»Wirklich? Würden Sie das tatsächlich sagen?«*
A: »Klar, außer, dass sie wahrscheinlich ein großes Theater drum machen werden. Fragt sich, ob das die Mühe wert ist.«

F: *»Was motiviert Sie als Führungskraft?«*
A: »Leistung. Ich möchte meine Mitarbeiter motivieren, mehr aus sich herauszuholen. Ich will fair und aufrichtig zu ihnen sein.«

F: »*Wie können Sie Ihren Stil flexibilisieren, um die temperamentüber-greifende Zusammenarbeit zu verbessern?*«

A: »Vielleicht könnte ich meinen Mitarbeitern mehr Dankbarkeit bekunden. Aber es ist einfach nicht mein Ding, den Leuten mit Artigkeiten zu kommen. Das wäre irgendwie gestellt. Schließlich werden wir ja dafür bezahlt, dass wir unseren Job machen.«

Akzeptieren Sie diese Lebenstatsache, auch wenn Sie sie nicht verstehen:

 Sehr viele Menschen können ihre Gefühle nicht einfach nach Belieben abstellen!

Ich verstehe, dass Sie das beunruhigt. Aber es bringt nichts, dagegen anzuargumentieren oder sich darüber aufzuregen. Damit ändern Sie nichts! Sie sind ja nicht dumm. Sie wissen es besser, als mit der Faust auf den Tisch zu trommeln – jedenfalls nicht länger als ein paar Minuten.

Am Ende bleibt Ihnen eine einzige *rationale* (Ihr Wort, oder?) Option: Leben Sie damit. Niemand wird sich Ihrem Willen anpassen. Sie wissen das. Sie wollen so effektiv wie möglich führen, um mit minimalem Zeit-, Energie- und Ressourcenaufwand eine maximale Rendite zu erwirtschaften.

Akzeptieren Sie folgenden Rat: *Lernen Sie, Ihren direkt unterstellten Mitarbeitern zeitnah, konkret und aufrichtig positives Feedback zu geben.* Machen Sie sich dies zur Aufgabe, bis es Ihnen zur zweiten Natur geworden ist. Indem Sie Ihre Wertschätzung klar zum Ausdruck bringen, verbessern Sie rasch und zum Nulltarif die Moral und die Produktivität Ihrer Mitarbeiter.

Sie werden mir später danken. Oder besser noch, sparen Sie sich den Dank für Ihre Mitarbeiter auf.

Es ist einfach, sich von dem Gerede beeindrucken zu lassen, wonach Gefühlsmenschen nicht denken. Nichts entspricht weniger der Wahrheit, glauben Sie mir. Gefühlsmenschen denken ständig. Ohne Pause. Kaum ein Augenblick vergeht, ohne dass ein Gefühlsmensch über etwas nachdenkt.

(Meistens über seine Gefühle, aber das soll uns hier nicht interessieren.)

Eine andere Versuchung liegt in der verwegenen Annahme, Gefühlsmenschen seien unfähig, harte – oder zumindest gute – Entscheidungen zu treffen. Das ist ein beliebter Refrain der Verstandesmenschen, und es ist so verführerisch, darin einzustimmen. Widerstehen Sie der Versuchung! Nichts belegt, dass Verstandesmenschen bessere Entscheidungen treffen als Gefühlsmenschen. Verstandesmenschen orientieren sich bei wichtigen Entscheidungen in erster Linie an Fakten. Gefühlsmenschen orientieren sich bei wichtigen Entscheidungen an … Sie haben es erraten … ihren Gefühlen!

Das ärgert Sie vielleicht. Aber nehmen Sie zum Beispiel die Mitarbeiterrekrutierung. Wenn man die Fluktuationsraten in den verschiedenen Branchen betrachtet, stellt man kaum einen Unterschied zwischen den Führungskräften fest, die ihre Entscheidungen vorrangig »aus dem Bauch heraus« treffen, und solchen, die sich bei der Kandidatenauswahl an objektiven Kriterien orientieren.

Nachdem wir nun den altbekannten Unterschied zwischen Verstandes- und Gefühlsmenschen näher beleuchtet haben, wollen wir sehen, was passiert, wenn wir noch die Geschlechterfrage hinzunehmen.

Männer, Frauen und Stereotype

Mittlerweile denken Sie vielleicht: »Hm … ich frage mich, ob es da auch einen Geschlechterunterschied gibt.« Klingen Gefühlsmenschen nicht verdächtig wie klischeehafte Frauen und Verstandesmenschen wie stereotype Männer?

Ja. Und nein.

Das Handbuch zum Myers-Briggs-Typenindikator (MBTI) diagnostiziert folgende Zusammensetzung:

- Allgemeine Bevölkerung → 40 Prozent Verstandes-, 60 Prozent Gefühlsmenschen
- Allgemeine weibliche Bevölkerung → 24,5 Prozent Verstandes-, 75,5 Prozent Gefühlsmenschen
- Allgemeine männliche Bevölkerung → 56,5 Prozent Verstandes-, 43,5 Prozent Gefühlsmenschen[2]

Nach zwanzig Jahren als zertifizierte MBTI-Trainerin bin ich eine geradezu gläubige Verfechterin dieser Methode. Ich verfolge das Auf und Ab der Bevölkerungsentwicklung mit derselben Begeisterung, mit der mein Sohn die Statistiken seiner Fantasy-Basketballliga beobachtet.

Das Leben ist aufregend, was soll ich sagen?

Als ich für meine erste MBTI-Zertifizierung lernte, lagen die Zahlen für die Gesamtbevölkerung bei 50 / 50, während 65 Prozent der Männer Verstandes- und 35 Prozent Gefühlsmenschen waren. Bei den Frauen war das Verhältnis genau umgekehrt: 35 Prozent waren Verstandes- und 65 Prozent Gefühlsmenschen. Irgendwann erzählten uns die Statistiker dann mehrere Jahre lang, es bestünde kein Geschlechterunterschied zwischen Verstandes- und Gefühlsmenschen und Männer und Frauen seien mit gleicher Wahrscheinlichkeit das eine oder das andere. Das erstaunte mich ein wenig, aber kooperativ veranlagt, wie ich bin, ließ ich mich darauf ein. Neuerdings jedoch vollziehen die Statistiken den Salto rückwärts! Das sind wahrlich Neuigkeiten. Da hüpfen Sie gewiss vor Freude auf der Stelle oder lassen wenigstens Ihre Arme ein paar Runden lang kreisen, habe ich recht?

Nehmen wir diese Zahlen also für bare Münze. Danach sind drei Viertel der Frauen überwiegend Gefühlsmenschen (vergessen Sie nicht die große Bandbreite zwischen schwacher und starker Präferenz). Nur wenig mehr als die Hälfte der Männer sind Verstandesmenschen – woraus natürlich folgt, dass etwas weniger als die Hälfte Gefühlsmenschen sind.

Gefühlsmenschen erobern die Welt!

Ich bin ebenso überrascht wie jeder andere. Wenn das keine Schlagzeile wert ist, was dann? Ich verstehe, dass eine solche Info für die Verstandesmenschen dieser Welt hochgradig beunruhigend ist. Ich kann Ihren Schmerz nachfühlen. Aber ich denke, Sie werden es verkraften. Ich weiß es. Aber lassen Sie Ihren Frust nicht an den Gefühlsmenschen aus, okay? Es ist nicht ihr Fehler, auch wenn die Versuchung groß sein mag, es ihnen anzulasten. Besonders, wo die meisten Gefühlsmenschen so oder so die Schuld bei sich selbst suchen werden.

Den allgemeinen Bevölkerungsstatistiken zum Trotz wählt sich jeder Arbeitsplatz selbst seine Menschen, und so sind hier diverse Abweichungen von den Standardzusammensetzungen möglich. Im Justizministerium beispielsweise werden überdurchschnittlich viele männliche *und* weibliche Verstandesmenschen vertreten sein, während im

Tierheim vermutlich bei beiden Geschlechtern die Gefühlsmenschen überwiegen.

Wo könnten den Chefs aus den V/G-Statistiken Probleme erwachsen? Wie Sie bereits erkannt haben, besagen stereotype Vorstellungen, dass Gefühlsmenschen besonders viele weibliche Eigenschaften mitbringen, während Verstandesmenschen verdächtige Ähnlichkeiten zum männlichen Prototyp aufweisen.

Diese Assoziationen werden bis zu einem gewissen Grad von den Statistiken gestützt – mehr Frauen sind Gefühlsmenschen und mehr Männer sind Verstandesmenschen. Das ändert aber nichts an der Tatsache, dass es allerorten haufenweise Frauen gibt, die sich überwiegend als Verstandesmenschen verstehen, und Männer, die eher Gefühlsmenschen sind. Weil die Vorstellung von gefühlsdominierten Männern und verstandesdominierten Frauen den Erwartungen zuwiderläuft, haben diese Menschen als Führungskräfte mit zusätzlichen Schwierigkeiten zu kämpfen.

Was können Sie als einsamer weiblicher Verstandes- oder männlicher Gefühlsmensch in dieser Situation tun? Es hilft, sich klarzumachen, dass der eigene Stil nicht geschlechtstypisch ist und dass sich manche Menschen verleitet sehen könnten, Sie misszuverstehen oder unfair zu beurteilen. Am besten lassen Sie sich davon nicht irritieren. Behalten Sie im Kopf, dass so etwas vorkommen kann, aber scheren Sie sich nicht weiter darum. Abgesehen davon können weibliche Verstandesmenschen natürlich den guten Rat beherzigen und in bestimmten Situationen etwas weniger »scharf« auftreten, während männliche Gefühlsmenschen versuchen können, in wichtigen Angelegenheiten einen wohlüberlegten und gefestigten Standpunkt einzunehmen. Wählen Sie einen bequemen Mittelweg, ohne sich dabei selbst untreu zu werden.

Der typischen Vorstellung zufolge sind Frauen Gefühls- und Männer Verstandesmenschen. Die statistische Mehrheit in beiden Geschlechtern bekräftigt diese Annahme. Die Folge ist ein unterschwelliges, überwiegend unbewusstes und unbeabsichtigtes Vorurteil gegen männliche Gefühls- und weibliche Verstandesmenschen.

A. Wenn jemand einer männlichen Führungskraft mit ausgeprägten Merkmalen eines Verstandesmenschen begegnet, wie würde er Ihrer Vermutung nach seinen Führungsstil beschreiben?

1.

2.

3.

B. Wenn jemand einer weiblichen Führungskraft mit ausgeprägten Merkmalen eines Gefühlsmenschen begegnet, wie würde er sie wohl beschreiben?

1.

2.

3.

C. Drehen wir jetzt den Spieß um. Wie würde jemand den Führungsstil eines Mannes mit ausgeprägten Merkmalen eines Gefühlsmenschen beschreiben?

1.

2.

3.

D. Und wie steht es mit einer weiblichen Führungskraft mit ausgeprägten Merkmalen eines Verstandesmenschen? In welcher Schublade fände sie sich wieder?

1.

2.

3.

→

Ich habe diese Übung mit zahllosen Führungskräften durchgeführt. Typische Attribute sind für A *stark* und *entschlussfreudig*, für B *freundlich* und *fürsorglich*, für C *schwach* und *unfähig* und für D *kalt* und *gefühllos*. Dieselben Merkmale, die bei Männern gepriesen werden, wie hart und unbeugsam, gelten bei Frauen regelmäßig als negativer Zug. Und wenn männliche Gefühlsmenschen Züge zeigen, die in weiblichen Gefühlsmenschen gepriesen werden, werden diese Männer häufig als zu »weich« kritisiert.

Als Führungskraft obliegt es uns selbst, Stereotype zu erkennen und umzukehren, sobald sie sich bei uns oder anderen bemerkbar machen.

Kapitel 4

Aber ich liebe meinen *wahren* Beruf!

»Was wir in der Wirtschaft
managen sind Menschen.«

HAROLD GENEEN

Ich habe mich nie darum gerissen,
nicht in meinen Plänen, nicht auf meinen Listen.
Wollte niemals zuständig für dich sein,
stecke nun in Arbeit tagaus, tagein.

Solange Sie den Kopf nicht kategorisch in den Sand stecken, können die Anforderungen des Führens schwindelerregend sein. Aufgaben ohne Ende verfolgen Sie wie eine Sturmwolke im Frühjahr; und bringen Sie auch noch so herkulische Kräfte auf, Sie werden ihrer nicht Herr. Und das wird sich womöglich niemals ändern. Sie ertrinken in Bergen von Papier, Menschen und Prozessen.

Ich verstehe, was der Verstandesmensch in dieser Situation denkt, und ich fühle den Schmerz des Gefühlsmenschen.

Selbst wenn die Führungsrolle nicht Ihre Traumvorstellung war, als Sie sich für Ihre Berufslaufbahn entschieden, können Sie doch lernen, auch diesen Teil Ihres Jobs zu akzeptieren und zu genießen.

Überfordert

Ich höre Sie ... und ich weiß Ihre Offenheit zu schätzen. Kommen wir zur Sache.

Anne Lamott ist die Autorin des Bestsellers *Bird by Bird – Wort für Wort. Anleitungen zum Schreiben und Leben als Schriftsteller.* Eingebettet in den Titel ist eine allgemeingültige Lektion, die Lamott in ihrem Buch erklärt. Sie trägt sie folgendermaßen vor:

Vor etwa dreißig Jahren sollte mein älterer Bruder, er war damals zehn, einen Aufsatz über Vögel schreiben, für den er ursprünglich drei Monate Zeit gehabt hatte, den er aber nun am nächsten Tag abgeben musste. Wir waren draußen in unserem Häuschen in Bolinas, und er saß, den Tränen nah, umgeben von Zetteln, Stiften und Büchern über Vogelarten am Küchentisch und war wie gelähmt angesichts der schieren Menge an Arbeit, die vor ihm zu liegen schien. Da setzte sich mein Vater neben ihn, legte ihm den Arm um die Schultern und sagte: »Vogel für Vogel, Kumpel. Nimm dir einen Vogel nach dem anderen vor.«[3]

Seit ich vor vielen Jahren zum ersten Mal *Bird by Bird* las, hat mir dieser Rat durch schwierige Zeiten geholfen. Wenn Sie in allen Ihren Pflichten zu ertrinken drohen, sollten Sie an das denken, was Annes Vater ihrem Bruder sagte: Vogel für Vogel.

Danke, Anne … und Hut ab vor deinem säumigen Bruder und deinem klugen Vater.

Veränderungen

Es gibt einen weiteren Grund, warum die Beförderung zur Führungskraft – oder auf eine höhere Führungsebene – hart sein kann. Es ist nämlich so, dass uns jede Veränderung schwerfällt. Selbst eine so genannte positive Veränderung. Vermeintlich wird von uns erwartet, dass wir über eine »gute« Veränderung froh sind. Verspüren wir innerlich eine negative Reaktion auf eine positive Veränderung, kommt zu allem noch ein Schuldgefühl hinzu.

Veränderung bedeutet gemäß Definition das Verlassen des Status quo. Eine positive Veränderung – eine Beförderung, eine Partnerschaft, eine größere Vertriebsregion, ein neues Heim – geht also zugleich mit einem Verlust einer, mit der Preisgabe von etwas Vertrautem. Etwas, das wir kennen und mit dem wir uns wohlfühlen, verschwindet aus unserem Leben. Ein mir bekannter kluger Unternehmer beschreibt Zeiten des erfolgreichen Wandels als »positive Herausforderungen«.

Haben Sie etwas Geduld mit sich. Dass Sie Ihren »wahren« (bisherigen) Job vermissen, liegt nicht zuletzt daran, dass Sie sich in ihm gut auskannten. Jetzt spielen Sie nach neuen Regeln, mit neuen Erwartungen und neuen Anforderungen. Leichter auf dem Papier als in der Praxis. Das ist aber okay. Ob Sie es glauben oder nicht – Sie werden sich hineinfinden.

Ich muss ich sein!

Hier ist ein Rettungsring, an dem Sie sich festhalten können, wenn Sie ins unruhige Fahrwasser des Führens geraten. Der einzige Mensch, dessen Rolle Sie gut meistern können, sind Sie selbst. Denken Sie an die Königsregel aus Kapitel 2: *Seien Sie Sie selbst.*

Viele von uns vergessen dieses kleine Detail.

Wenn Sie eine erfolgreiche (V!) und glückliche (G!) Führungskraft sein wollen, müssen Sie sich zuerst einmal bewusst machen, dass Sie vor allen Dingen eines sind: Sie selbst.

> **Die einzige Möglichkeit, wie Sie als Führungskraft Größe erlangen können, besteht darin, dass Sie sich von sich selbst inspirieren lassen.**

Wie ein Senior Executive aus der Technikbranche richtig bemerkte, »sollten Sie nicht versuchen, jemand zu sein, der Sie nicht sind. Unter Führungskräften gibt es die verschiedensten Typen, und je mehr Sie sich selbst treu bleiben, desto mehr werden sich Ihre Mitarbeiter für Sie ins Zeug legen«.

Hier ist das Korollar zu dem Sie-selber-Sein. Sind Sie bereit für dieses aufregende Stück Realität?

> **Sie sind niemand anderes.**

Nehmen Sie sich einen Augenblick Zeit, um diese realitätsverändernde Sensationsnachricht sacken zu lassen. Die Konsequenzen sind überwältigend. Sie brauchen nicht länger für andere zu entscheiden, was jene denken oder fühlen sollen, was sie mit ihrem Verhalten bezwecken, ob ihre Entscheidungen richtig oder falsch, ihre Handlungen gültig oder ihre Unterlassungen gerechtfertigt sind.

Welche Erleichterung! Mit einem Schlag muss Ihr überlasteter Managerkopf viel weniger Dinge analysieren und verdauen. Was werden Sie mit der eingesparten Zeit anfangen?

Ich habe genau das Richtige für Sie. Wie sich herausstellt, gibt es drei ziemlich drängende Dinge, die vollständig in Ihrer Kontrolle … und Verantwortung liegen. Genau genommen sind es sogar die einzigen Dinge, bei denen Sie das Sagen haben. Vielleicht sollten Sie sie sich notieren.

Die einzigen Bereiche, für die Sie unmittelbar zuständig sind, sind Ihre Gedanken, Ihre Worte und Ihre Handlungen.

Das engt die Dinge schon mal ein, nicht wahr? Denken Sie darüber nach. Na los, nennen Sie mir eine zusätzliche Sache, die Sie unmittelbar steuern können … Fehlanzeige.

In Wahrheit sollten Sie Ihre Aufmerksamkeit also auf den Menschen hinterm Vorhang lenken. Denjenigen, der all diese Hebel und Seilzüge bedient, komplett mit Nebel und Spiegeln, wie es die Situation erfordert. Dieser Mensch sind Sie. Es ist verführerisch (und einfach), sich auf Dinge außerhalb unserer selbst zu stürzen. Das unterscheidet sich aber kaum vom Kopf-in-den-Sand-Stecken und bringt absolut gar nichts. Wie der Inhaber einer Kanzlei für Finanzdienstleistungen scherzte: »Denken Sie nicht länger, Sie hätten Macht über andere.«

Aber müssen Führungskräfte denn nicht andere, nun ja, führen? Ist das nicht unser ständiges Thema hier? Lassen Sie uns die griffig-elegante Definition von Führung aus dem ersten Kapitel rekapitulieren:

 Führung ist der Hochseilakt der richtigen Balance zwischen nützlicher Hilfestellung und unterlassener Einmischung.

Uns zurückzuziehen, sobald wir den Dreh raushaben, ist einfach. Es bedeutet, dass wir zur Seite treten und andere tun lassen, was zu tun ihr Job ist, anstatt sie mit unserer Einmischung und unseren brillanten Plänen zu ersticken. Die patente Führungskraft sorgt für Strukturen, stimmt Erwartungen ab und leistet ihren Beitrag, damit andere erfolgreich sein können.

Nichts davon erfordert, dass wir die innere Einstellung, die Herangehensweise oder die Persönlichkeit anderer Menschen manipulieren. Wir haben genug damit zu tun, unsere eigenen Gedanken, Worte und Handlungen zu beobachten und bewusst zu wählen, um unsere Zeit nicht auf Unmögliches zu verschwenden – nämlich uns für die inneren Welten anderer Menschen verantwortlich zu fühlen. Und dennoch können wir mit unseren Worten und Handlungen die Reaktionen und Verhaltensweisen anderer beeinflussen. Wie ein geschäftsführender Vizepräsident einer PR-Agentur meinte: »Letztlich macht jeder Mitarbeiter, was er will. Wenn Sie wollen, dass er etwas Bestimmtes macht, müssen Sie dafür sorgen, dass er es machen will. Das müssen Sie ihm schmackhaft machen, beispielsweise mit Wertschätzung, Anerkennung oder einem Gefühl der Wichtigkeit.«

Überzeugungen testen und revidieren

Diese Fähigkeit kann Ihre Sichtweise und Ihre daraus resultierenden Beziehungen komplett verändern. Denken Sie nur an Ihre Überzeugungen bezüglich anderer Menschen. Schreiben Sie jetzt die Sätze um, indem Sie Subjekt und Objekt vertauschen, wie in der folgenden Tabelle dargestellt. Trainieren Sie, die veränderten Sätze laut auszusprechen, und fragen Sie sich, wie hoch die Wahrscheinlichkeit ist, dass die neuen Sätze ebenso zutreffend oder noch zutreffender sind als die Ausgangssätze.

Testen Sie folgende Satzpaare:

Meine gegenwärtige Überzeugung	Vertauschtes Subjekt zwecks Überprüfung meiner Überzeugung
Er achtet nicht auf meine Gefühle.	Ich achte nicht auf seine Gefühle.
Sie zeigen meinen Projekten gegenüber kein Interesse.	Ich zeige Ihren Projekten gegenüber kein Interesse. Oder: Ich zeige meinen eigenen Projekten gegenüber kein Interesse.
Sie hat auf meine nonverbalen Signale nicht reagiert.	Ich habe auf ihre nonverbalen Signale nicht reagiert.
Er geht auf meine Befürchtungen nicht ein.	Ich gehe auf seine Befürchtungen nicht ein.
Sie sucht Streit mit mir.	Ich streite mit ihr.
Niemand interessiert sich für meine Bedürfnisse.	Ich frage nicht nach den Bedürfnissen anderer. Oder: Ich schenke meinen eigenen Bedürfnissen keine Beachtung.

Die Annahme, wir wüssten, wie es in den Köpfen anderer aussieht, setzt voraus, dass wir über übernatürliche Kräfte verfügen. Angenommen, Sie wüssten, was ein anderer denkt. Dann wären Sie ein Gedankenleser, der in anderer Leute Köpfe hineinschauen kann. In diesem Fall sollten Sie Ihrem Land die Ehre erweisen und sich beim betreffenden Geheimdienst bewerben.

Wir Übrigen aber tun gut daran, uns einzugestehen, dass wir niemals wirklich wissen werden, wie es in anderer Leute Köpfe aussieht.

Fast immer, wenn wir eine Überzeugung oder Meinung einem anderen Menschen zuschreiben, handelt es sich in Wahrheit um unsere eigene.

Beispiel	*»Bitte, übernehmen Sie doch meinen Job!«*

Was aber, wenn Sie sich von Herzen nach Ihrer vorigen Position ohne Führungsverantwortung zurücksehnen?

Frederico war ein 35-jähriger Anwalt, der für eine große US-Kanzlei arbeitete. Es war noch kein Jahr vergangen, dass er in eine leitende Position befördert worden war, als er sich wieder zurückversetzen ließ.

Das haben Sie richtig gelesen – kein Grund, nach der Lesebrille zu greifen.

Warum sollte ein junger Jurist, der gerade dabei war, Karriere und Familie zu begründen, so weit gehen, eine Beförderung wieder rückgängig zu machen? Einmal dürfen Sie raten. Denken Sie im Kontext.

In seiner neuen Rolle musste Frederico neben seiner eigenen, im Umfang reduzierten juristischen Tätigkeit eine ganze Reihe weiterer Anwälte leiten und betreuen. Widerstehen Sie der Versuchung, jetzt haufenweise Juristenwitze vom Stapel zu lassen. (Wenn Sie einen guten haben, dürfen Sie ihn mir dennoch mailen.)

Fredericos Entscheidung hatte nichts mit Anwälten zu tun, sondern mit der Führungsrolle. Er zog es vor, seine Karriere auf Eis zu legen – vielleicht für immer –, um sich der Führungsverantwortung zu entledigen. Er entschied, dass er zufriedener, erfüllter und weniger gestresst wäre, wenn er sich wieder darauf beschränkte, für sich allein zuständig zu sein.

Auch noch nach Jahren bereute Frederico seine Entscheidung nicht. Er genoss die größere Autonomie, die Flexibilität und die kürzere Arbeitszeit im Vergleich zu seinen Kollegen, die ähnliche Positionen erklommen und an ihnen festgehalten hatten.   →

Der freiwillige berufliche Rückschritt ist kein unbekanntes Phänomen. Wichtig ist, dass wir uns über unsere Ambitionen und Ziele im Klaren sind. Fredericos Wahl erwies sich für ihn als richtig, so unkonventionell sie auch war. Wer eine leitende Position annimmt, erklärt sich damit bereit, sehr viel umfangreichere Zuständigkeiten und Aufgaben zu übernehmen.

Nichts spricht gegen eine rein fachlich ausgerichtete Berufskarriere ohne Führungsaufgaben. Wie ein CEO aus der Vertriebs- und Unternehmensentwicklung meinte: »Wenn Sie glauben, dass Sie den zusätzlichen Verpflichtungen als Führungskraft nicht gewachsen sind – oder schlicht keine Lust dazu verspüren –, sollten Sie auf den Job verzichten. Ich habe großartige Verkäufer erlebt, die scheiterten, sobald sie in eine leitende Position befördert wurden. Auch das Gegenteil habe ich erlebt. Aber es gibt hervorragende Verkäufer, die gut daran tun, ihren Job zu behalten.«

Im Fall von Frederico setzte die Entscheidung für eine Zurücknahme der Beförderung zur Führungskraft die Gewissheit und den Mut voraus, sich selbst treu zu bleiben.

Angenommen, Sie wollen von Ihrem Posten nicht wirklich zurücktreten, hegen aber die unbestimmte Hoffnung, dass Sie trotz leitender Position um die eigentlichen Leitungsaufgaben herumkommen. Vielleicht reicht es ja schon, ein guter Teamplayer zu sein, Ihre Teammitglieder verstehen sich bestens auf eigenständiges Arbeiten, oder Sie pflegen eben einen Weniger-ist-mehr-Führungsstil.

Dann habe ich gute Nachrichten für Sie: Der Leitungsjob ist keine Verirrung, die Ihrem Job in die Quere kommt. Wenn das Ihre Vorstellung war, schreiben Sie sie am besten auf, knüllen das Papier zusammen und schleudern es in den Mülleimer – pardon, in den Altpapierbehälter. So, und seien Sie so ordentlich, stehen Sie auf, lesen Sie die Kugel vom Boden auf, wo sie gelandet ist, und legen Sie sie *in* den Behälter.

Hallo, Logotherapie. Alles schmeckt besser, wenn eine Bedeutung dahinter steckt.

Logotherapie

Der Psychotherapeut Viktor E. Frankl entwickelte die Logotherapie als Kulminationspunkt seiner persönlichen und beruflichen Erfahrung. Die Logotherapie basiert auf der Prämisse, dass der Sinn das Leben lebenswert macht. Frankl sah eine Verbindung zwischen Aufgabe und Sinn. In seinem Buch *... trotzdem Ja zum Leben sagen. Ein Psychologe erlebt das Konzentrationslager* bezeichnet er die Suche nach Sinn im eigenen Leben als die primäre Antriebskraft eines Menschen.

Ein solcher Sinn kann aus den unterschiedlichsten Quellen stammen und ist sowohl konkret als auch einzigartig. Sinn ist ungeheuer wichtig, unabhängig davon, wie wir ihn definieren. Frankl zitiert aus einer Studie der Johns Hopkins University zu diesem Thema. Im Auftrag des National Institute of Mental Health interviewten die Forscher über einen Zeitraum von zwei Jahren 8000 Schüler aus 48 Colleges. Auf die Frage, was in ihren Augen »sehr wichtig« sei, gaben nur 16 Prozent dem »Geldverdienen« die höchsten Noten, während 78 Prozent »Suche nach dem Sinn und Zweck des Lebens« zu ihrem primären Ziel erklärten.[4] Mit Geld kann man sich offensichtlich keinen Lebenssinn – und kein Glück – erkaufen.

Laut Frankl kann man sich, unabhängig von den Bedingungen, für ein Leben der Verzweiflung, des Grolls, der Hoffnungslosigkeit und der Feindseligkeit entscheiden oder aber für ein sinnerfülltes Leben, das dem Gefühl entspringt, eine Aufgabe zu haben. Im Konzentrationslager wurde Frankl Zeuge und erlebte in eigener Person, wie – unter den vorstellbar schlechtesten Bedingungen – diese Wahl schließlich über Leben und Tod entschied. Er erklärte, dass in den Konzentrationslagern sich alle Umstände darauf verschworen, den Gefangenen jedes Gefühl für einen Lebenssinn zu rauben. Alle vertrauten Ziele wurden ihnen genommen. Was übrig blieb, bezeichnete Frankl als »die letzte Freiheit des Menschen«: die Fähigkeit, unter den gegebenen Umständen die eigene innere Einstellung zu wählen.

Frankl beobachtete gewöhnliche Menschen, die, in unerklärbar unmenschliche Situationen geworfen, die Fähigkeit offenbarten, die jämmerlichen Umstände zu überwinden und wegweisende Wahrheiten zu entdecken. Indem Sie sich über die äußere Hölle erhoben, waren einige Gefangene in der Lage, sich aus der Verzweiflung zu befreien und für sich Sinn zu finden, indem sie anderen halfen.

Auf einer zugänglicheren Ebene können Sie sich und den Menschen um sich herum den Antrieb geben, den Sie benötigen, um zu gedeihen, indem Sie einen einzigartigen Zweck in Ihrem Leben identifizieren und sich klar machen, welchen Beitrag Sie beruflich leisten können. Je größer Ihr Zuständigkeitsbereich (mit wachsender hierarchischer Position), desto besser steht es um den Sinn bestellt, den diese Aufgabe Ihnen bieten kann.

Es gibt einen Zusammenhang zwischen guter Arbeit und Sinnhaltigkeit der Tätigkeit. Diejenigen, die erfolgreich immer weiter aufsteigen, berichten auch von der größten Arbeitsplatzzufriedenheit. Je mehr Energie jemand investiert, desto mehr Freude hat er daran, seine Fähigkeiten optimal zu nutzen.

Wo wir schon beim Thema sind   *Das Hochstapler-Phänomen*

Viele Führungskräfte haben das unterschwellige ungute Gefühl, ihrer Umwelt etwas vorzumachen – wenn die anderen wüssten, wie inkompetent und überfordert sie in Wahrheit sind!

Mitte der 1980er-Jahre erschien ein wunderbares Buch namens *Erfolgreiche Versager – das Hochstapler-Phänomen*[5], das eine wohlverdiente Kultgemeinde anzog. Seine Hauptaussage lautet, dass viele von uns nach außen etwas präsentieren, das Welten von dem entfernt ist, wie wir uns innerlich fühlen.

Das Buch beginnt mit der Schilderung eines erfolgreichen Geschäftsmannes, der sich in einem Raum voller Menschen selbstsicher präsentiert. Im Inneren derselben Person sieht die Realität aber ganz anders aus.

Die Ausgangsbasis des Buches ist, dass viele scheinbar erfolgreiche Führungskräfte insgeheim sich selbst für Hochstapler halten und dass ihre ganze Fassade zusammenbrechen würde, sobald wir übrigen ihr Blendwerk durchschauten.

Dieses Phänomen ist im 21. Jahrhundert so aktuell wie eh und je. Viele höchst qualifizierte Menschen betrachten sich selbst als totale Nieten im Umgang mit jener Geschäftswelt, in der sie sich ständig bewegen. Je höher sie aufsteigen, desto stärker drängt sich ihnen der Verdacht auf, ihre leitende Position könne nur das Ergebnis eines riesigen Irrtums sein.

Zu dieser Überzeugung trägt zusätzlich der Umstand bei, dass mit der Höhe der erklommenen Leiter die Bereitschaft abnimmt, →

Angebote zur professionellen Führungskräfteentwicklung wahrzunehmen. Ich kann diesen Zusammenhang in meinen Führungskräfteentwicklungsseminaren beobachten. Wenn ich Programme für Mitarbeiter anbiete, für die das Thema Führung neu ist, saugen sie Infos auf wie leuchtende Schwämme im Great Barrier Reef.

Und die alten Hasen? Bis auf wenige Ausnahmen machen sie von professionellen Entwicklungsangeboten nur unter Druck Gebrauch, gehen sie doch davon aus, dass sie bereits alles wissen.

Wer Leiter der Rechtsabteilung, Partner oder Vorstand wird oder in anderer Form erfolgreich ist, verfügt in aller Regel über erhebliches Fachwissen. Das heißt aber noch lange nicht, dass er eine talentierte, kenntnisreiche und motivierende Führungskraft abgibt. Eine praktische Möglichkeit, sich selbst nicht als Hochstapler wahrzunehmen, besteht in der inneren Bereitschaft, ein Leben lang zu lernen. Ganz zu schweigen von der Verbesserung der eigenen Führungsqualitäten. Was ich hiermit dann doch gesagt habe.

Beweisen Sie es

Was ist die beste Versicherung gegen den Vorwurf der Hochstapelei? Dass man Ihren wahren Intentionen Glauben schenkt?

Vor ein paar Jahren fand ich folgendes Zitat von Lewis Cass außen an der Tür eines Klienten:

> *»Vielleicht bezweifelt jemand, was Sie sagen, aber niemand bezweifelt, was Sie tun.«*

Mögen Sie noch so ausdauernd verkünden, wie wichtig Ihnen Ihr Team ist   damit allein überzeugen Sie niemanden. Wenn Sie aber kurzer hand mit anpacken, damit aus einem Projekt ein glänzender Erfolg wird, brauchen Sie kein Wort zu verlieren – alle wissen, wo Ihr Herz schlägt.

Chef im Mülleimer

Monica war seit Wochen damit beschäftigt gewesen, ihre Präsentation vorzubereiten. Zwei Tage vor dem Ereignis legte sie letzte Hand an ihr Storyboard, ihr Präsentationsposter.

Und dann …! Am Abend vor der großen Konferenz konnte Monica ihr Storyboard nirgends finden. Es schien sich in Luft aufgelöst zu haben. Langsam dämmerte ihr, dass es möglicherweise die Reinigungskräfte gewesen waren, die ihre sorgfältig vorbereitete Präsentation irrtümlich für Müll gehalten hatten. Der Panik nahe, äußerte sie ihren Verdacht gegenüber ihrem Vorgesetzten Drew. Dieser entschuldigte sich daraufhin und verließ den Raum.

Monica wusste nicht, wohin er entschwunden war, bis sie aus dem Fenster schaute, von dem aus der Hof des Gebäudes einsehbar war. Da entdeckte sie Drew, der mit hochgekrempelten Ärmeln in den Tonnen wühlte und Monicas Präsentationsposter suchte. Sie rief ihre Kollegen herbei, die ebenfalls bis in den späten Abend arbeiteten, um den nächsten Tag vorzubereiten.

Drew wurde fündig. Für ihn war das keine große Sache. Er erwartete 100-prozentigen Einsatz von seinen Leuten und gab selbst stets mindestens so viel. Er liebte seinen Job und war bekannt für seine aufrichtige Art in allem, was er tat. Er führte ruhig, ohne sein Ego irgendwie in den Vordergrund zu stellen.

Drew kam die Treppen hinauf, wo ihn seine Mitarbeiter erwarteten, die für ihn auch hundert Kilometer im Regen gelaufen wären.

Erweitern Sie Ihre Reichweite

Menschen, die wissen, wer sie selbst sind, geben die besten Führungskräfte ab. Skeptisch? Reicht es nicht, solide Strukturen zu schaffen und ein fähiges Team zu versammeln? Nein. Glauben Sie mir nicht? Lassen Sie es uns von der anderen Seite betrachten. Denken Sie an irgendeinen unfähigen Abteilungsleiter zurück, dem Sie auf Ihren Reisen durch die ganze Welt schon einmal begegnet sind. Ich würde mal schätzen, dass er die Selbsterkenntnis einer Klette besaß.

Der erste Schritt ist also, dass Sie in den Spiegel schauen und sich mit sich selbst vertraut machen. Das reicht aber noch nicht. Sind Sie bereit für den nächsten Schritt?

Für Schritt zwei legen Sie den Spiegel aus der Hand. Keine Sorge, Ihr Haar sitzt perfekt.

Gewappnet mit viel Selbsterkenntnis können Sie jetzt Ihre Stärken nutzen und anderen Menschen dort begegnen, wo sie sich gerade befinden. Ich nenne das *Flexibilität*, eine außerordentlich wertvolle und vielseitige Führungseigenschaft. Erwarten Sie nicht, dass andere Ihre »Sprache« sprechen, Ihre Motive verstehen oder sich nach Ihren Launen richten. Die meisten Menschen verstehen sich nicht darauf. Das muss schon von Ihnen kommen.

Flexibel auf andere Menschen zuzugehen und sie zu motivieren heißt nicht, Abstriche bei der Fairness zu machen. Solange Sie aber für jeden die gleichen Leistungs- und Verhaltensstandards gelten lassen, können Sie Ihre Sprache, Ihre Feedbacktechniken und Ihre Motivationsweisen auf Ihre jeweiligen Mitarbeiter ausrichten.

Von Kapitel 5 an werden wir jedes Kapitel mit einem Flexibilitätstipp und einem PS beenden.

Flexibel zum Erfolg

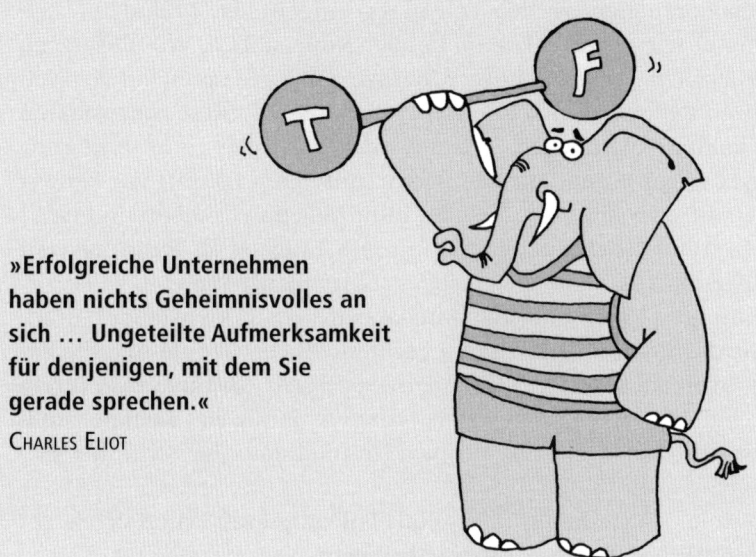

»Erfolgreiche Unternehmen
haben nichts Geheimnisvolles an
sich ... Ungeteilte Aufmerksamkeit
für denjenigen, mit dem Sie
gerade sprechen.«
CHARLES ELIOT

Andere zu treffen in ihren Hallen
ist besser, als auf die Nase zu fallen.
Dein Ego macht nur Stimmung, miese,
flexibel lautet die Devise.

Das Leben ist nicht hübsch und wohlgeordnet. Ebenso wenig das Führungsgeschäft. Manchmal rennen wir mit dem Kopf gegen die Wand; manchmal brauchen wir den Tritt in die Eingeweide. Zu anderen Zeiten können wir uns den Fakten in aller Ruhe stellen. Wir alle tragen unser Päckchen, haben so unsere Marotten und reagieren auf die Welt im Ganzen auf erstaunlich unterschiedliche Weise. Diese Lebensfakten zeigen keinerlei Anzeichen, verschwinden zu wollen, und so können wir genauso gut lernen, die Menschen, mit deren Leitung wir betraut sind, ob nah oder fern, offiziell oder inoffiziell, zu verstehen und wertzuschätzen. Im gleichen Zuge wird unsere Tätigkeit als Führungskraft sehr viel einfacher ... sie macht sogar (Luft holen!) Spaß.

Wie bringen Sie so ein phänomenales Kunststück zustande? Brauchen Sie dazu Nerven aus Stahl, übermenschliche Geduld und die Fähigkeit, in einem Satz über Gebäude zu springen? Und geht es in Ihrem vielbeschäftigten Kopf nicht schon turbulent genug zu? Kein Schweiß erforderlich. Naja, vielleicht ein paar Tröpflein auf der Stirn, die sich leicht wegwischen lassen.

Ihr Erfolg – und Ihre Erfüllung – als Führungskraft lassen sich leicht auf einen häppchengroßen Nenner bringen:

■ **Bleiben Sie, wer Sie sind, und flexibilisieren Sie lediglich Ihren Führungsstil.**

Welch mysteriöses Statement. Lassen Sie es uns sezieren, nicht wahr?

Bleiben Sie, wer Sie sind ...

Oh, nee! Wer sollten Sie denn sonst sein? (Eine gute Frage übrigens.)

Dieses Buch zeigt Ihnen, wie Sie aus Ihren natürlichen Stärken einen eigenen Führungsstil ableiten können. Die Lösung von der Stange gibt es da nicht.

… und flexibilisieren Sie lediglich Ihren Führungsstil.

Was will dieser süße kleine bescheidene Satz uns sagen? Warum müssen wir seiner Aufforderung Folge leisten? Und wie? Ziehen Sie eine Nummer und setzen Sie sich.

Flexibilisierung Ihres Stils bedeutet, dass Sie vielseitig sind in der Art, wie Sie führen, kommunizieren und motivieren. Mit einem forschen und bestimmten Ansatz helfen Sie dem einen Mitarbeiter, eine freundliche, vorsichtige Ermunterung bringt den anderen weiter. Wer flexibel sein will, benötigt einen ganzen Köcher von Fertigkeiten, aus dem er sich je nach Bedarf bedienen kann.

Das heißt nicht, dass Sie Ihr eigenes Temperament verleugnen müssten.

 Flexibel sein bedeutet, aus der Beziehung zu anderen das Beste zu machen und gleichzeitig sich die eigene Integrität zu bewahren.

Flexibilisierung des Führungsstils heißt nicht, unterschiedliche Maßstäbe an die verschiedenen Mitarbeiter anzulegen – die Rechenschaftsregeln bleiben durchweg dieselben. Was sich verändert, ist nur die Art, wie Sie die unterschiedlichen Persönlichkeitsstile managen und motivieren.

Um dieses spitzenmäßige Konzept implementieren zu können, benötigen Sie zwei anspruchsvolle Fähigkeiten: Sie müssen in der Lage sein, die Temperamente anderer Menschen richtig einzuschätzen und Ihren Kommunikationsstil jederzeit zu wechseln.

Viele von uns ziehen regelmäßig voreilige Schlüsse. Wenn wir nur Vielfliegermeilen sammeln könnten, würden wir richtig herumkommen. Ein Beispiel für einen solchen voreiligen Schluss ist der, dass andere die Welt genauso sehen wie wir und dass unsere Meinung die einzig wahre ist.

Vergessen Sie nicht, dass die Menschen häufig unterschiedliche Sprachen sprechen – im übertragenen Sinne, selbst wenn die Wörter überraschend ähnlich klingen.

Was muss eine moderne Führungskraft tun?

Die beste Antwort lautet: genau aufpassen und hinhören. Wir werden täglich von einem wahren Tsunami von Informationen bombardiert, wie Menschen die Welt für sich verarbeiten und wovon sie sich

Wenn Sie dieses Buch von vorn bis hinten lesen (so strukturiert!) und sich Dinge einigermaßen gut merken können, werden Sie sich an die erste Parabel aus *Milos ganz und gar unmögliche Reise* erinnern. Hier ist eine weitere aus dem Buch:

> Milo, der junge Protagonist, sein bester Freund Tack (ein Wachhund) und die Leberlaus (ein großer Käfer) unternehmen an einem wunderschönen Tag eine Rundfahrt.
>
> »Jetzt kann nichts mehr schief gehen«, rief die Leberlaus mit ungewohnter Fröhlichkeit, und kaum hatte sie das gesagt, fuhr sie wie von der Tarantel gestochen vom Sitz hoch und segelte aus dem Auto zu [einer] kleinen Insel hinüber.
>
> »Und wir liegen sehr gut in der Zeit«, gab Tack zurück, der gar nicht gemerkt hatte, dass die Leberlaus nicht mehr da war – und auch er sauste auf einmal durch die Luft und verschwand.
>
> »Der Tag könnte gar nicht schöner sein«, pflichtete Milo ihm bei. Er behielt die Straße im Auge und war damit so beschäftigt, dass er das Verschwinden der beiden nicht bemerkt hatte. Und im Bruchteil einer Sekunde war auch er weg.
>
> Anschließend finden sich alle auf der Insel der Schlussfolgerungen wieder. Als sie einen Bewohner fragen, wie sie wohl dorthin gelangt seien, erwidert dieser:
>
> »Durch Voreiligkeit natürlich [...] So kommen die meisten her. Das ist eigentlich ganz einfach: Jedes Mal, wenn man ein Urteil fällt, ohne gute Gründe dafür zu haben, zieht man voreilige Schlüsse. [...]
>
> [V]on den Schlussfolgerungen kommt man nicht so leicht wieder weg. Deshalb ist es hier ja auch so schrecklich überfüllt.«
>
> Schließlich tritt das Trio schwimmend den Rückweg über das Meer der Erkenntnis an, woraufhin Milo verkündet: »[V]on jetzt an brauche ich immer einen sehr guten Grund, bevor ich mir über etwas ein Urteil erlaube. Man verliert einfach zu viel Zeit damit, voreilige Schlüsse zu ziehen.«[6]

Recht hat er.

motivieren lassen. Was tun durchschnittliche bis mittelmäßige Führungskräfte mit diesen wertvollen Informationen? Sie düsen daran vorbei, ohne sie auch nur eines Blickes zu würdigen. Wie wenn jemand ein Geschenk erhält und es dem Schenker sofort und unbesehen wieder zurückgibt. Sie sind scheinbar viel zu beschäftigt, eingespannt oder wichtig, um ihren Führungsstil an die Persönlichkeiten ihrer Mitarbeiter anzupassen. Das Ergebnis? Sie sind ineffektiv und frustriert.

Das ist *so* gar nicht Ihre Art.

Sie wissen es besser. Sie konzentrieren sich auf Ihre Mitarbeiter, nehmen Nuancen in ihrer Sprache, ihrer Bürogestaltung und den Projekten wahr, mit denen sie sich am liebsten beschäftigen. Sie schauen genau hin und passen Ihre Vorgehensweise an das an, was Sie über den Stil Ihrer Mitarbeiter in Erfahrung bringen. Sie wissen, dass Sie Ihren Stil nur effektiv flexibilisieren können, wenn Sie sich klug überlegen, was für die unterschiedlichen Mitarbeiter funktioniert, und wenn Sie bereit sind, laufend Justierungen vorzunehmen.

Beispiel	*Frostiger Empfang*

Über zwölf Jahre lang besuchte ich regelmäßig ein Fitnessstudio in meiner Nähe. Es ist nicht übertrieben, wenn ich sage, dass ich dort gut bekannt war, und wenngleich es die Vorschrift gab, alle Klubkarten beim Eintritt zu überprüfen, wurde mir diese Formalität schon seit Langem erlassen.

Eines Tages erschien hinter der Theke ein neues Gesicht. Die Fluktuation war besonders bei der Morgenschicht von fünf bis zehn Uhr vergleichsweise hoch, und so war das nichts Ungewöhnliches. Meist kehrte das Leben nach wenigen Wochen zum Normalbetrieb zurück, meine Klubkarte wurde wieder weggesteckt und ich konnte leicht, schnell und ohne die lästige Formalität des Zeigens und Scannens einer Karte die Fitnessräume betreten.

Dieser neue Mitarbeiter aber verlangte von mir jeden Tag aufs Neue, dass ich meine Karte zeigte – mit monotoner Stimme, was die Sache nur noch schlimmer machte. Dafür gab es nur eine logische Erklärung: Er war ein Idiot. Ich beschloss, dass ich ihn unausstehlich fand. Jeden Morgen biss ich die Zähne zusammen und verlangsamte mein Tempo für diesen doofen Kerl, der doch wissen musste, dass ich Mitglied war. Dies war ein Fitnessklub und kein Flughafen! Wie ernst muss man die Dinge denn nehmen?

Meine Morgenstunden waren gestört – und er war die Ursache!

Dann hatte ich eines Tages eine Erleuchtung. →

Er tat einfach nur seinen Job. Vielleicht war er gar kein Idiot. Vielleicht war er äußerst gewissenhaft. Vielleicht nahm er seinen Job sehr ernst. Vielleicht war er der beste Empfangsmitarbeiter, den das Fitnessstudio jemals gehabt hatte.

Am nächsten Tag erschien ich zur gewohnten Zeit, erkundigte mich nach seinem Namen (James) und stellte mich ihm vor. Ich sagte James, ich hätte den Eindruck, dass er seinen Job am Empfangstresen sehr gut machte und dass das Studio froh sein könnte, ihn gefunden zu haben. Und seit ich mir die Sache überlegt hatte, meinte ich es auch so. Stellen Sie sich vor, wie viel mehr Mühe, Einsatz und Engagement es kostet, jedermanns Karte zu checken, anstatt einfach nur hinterm Tresen zu dösen und die Menschen hereinströmen zu lassen.

Wir entwickelten einen freundlichen Umgangston; er begann, mich namentlich zu begrüßen. Mit der Zeit bemerkte ich, dass James schüchtern war und mit den jeden Morgen hereinkommenden Studiogästen nicht von sich aus das Gespräch suchte. Dennoch freute er sich über freundliche Gesichter, zu denen nunmehr auch das meinige gehörte.

Einmal berichtete ich diese Geschichte einem Coaching-Klienten und er stellte die entscheidende Frage: Wann hörte James auf, meine Karte zu scannen?

James scannte weiter meine Karte; er dachte nicht daran, damit aufzuhören. Der Unterschied war, dass ich nun auf das Ritual vorbereitet war, ihm meine Karte jeden Morgen entgegenstreckte und wir einander grüßten und uns über die Wochenenden, das Wetter oder irgendwelche Neuigkeiten austauschten. Man kann seine Wahrnehmungen und Handlungen auch ändern, ohne dass notwendigerweise auch der andere sich verändern muss. Die einzig erforderliche Veränderung findet in unserem Kopf statt. Es liegt ganz bei uns.

Indem ich mir bewusst machte, dass ich die Spannung verursacht hatte, nicht James, hatte ich plötzlich die Freiheit, das Szenario zu beeinflussen, ohne einen einzigen externen Faktor zu verändern – mit Ausnahme seiner Reaktion auf meine vollkommen veränderte Erwartungshaltung und mein entsprechendes Auftreten. Aus dem mürrischen James wurde ein freundlicher. Oder war ich die erst mürrische und jetzt freundliche?

Im Rückblick kann ich erkennen, dass er ein Verstandesmensch war, der seinen Job korrekt erledigte. Ich war ein Gefühlsmensch auf der Suche nach einem freundlichen Kontakt. Keiner von uns veränderte sein Wesen; wir trafen uns lediglich irgendwo in der komfortablen Mitte.

Ich habe Nachrichten für Sie: Wir reden hier über Flexibilisierung als eine Lebensaufgabe. Wie ein Mobiltelefonvertrag, nur schlimmer. Oder wie körperliche Fitness – Sie können nicht eine Woche trainieren und die Gesundheit dann von Ihrer Aufgabenliste streichen. Die Flexibilisierung Ihres Führungsstils ist ein Arbeitsposten, der Sie während Ihrer gesamten Zeit als Führungskraft begleiten wird. Das ist okay; es wird Ihnen mit der Zeit zur zweiten Natur werden.

Flexibilisierung heißt, dass Sie die verschiedenen Mitarbeiter unterschiedlich ansprechen, um sie zu motivieren. Wenn Sie ein flammender Gefühlsmensch sind, müssen Sie sich gelegentlich wie ein waschechter Verstandesmensch aufführen, um Ihre Mission als Gefühlsmensch zu verwirklichen. Sie können in der Verkörperung des Verstandesmenschen so viel Geschick entwickeln, dass ein Beobachter Sie möglicherweise ohne Wenn und Aber zu einem solchen erklärt. Im Kern bleiben Sie dennoch der Gefühlsmensch, der Sie sind, nur dass Sie gelernt haben, ihren Stil bravourös zu flexibilisieren.

Was Sie sehen, ist nicht immer, was Sie bekommen. Das heißt nicht, dass Sie künstlich sind. Sie haben nichts gemein mit einem aromatisierten Fruchtjoghurt, der in Wahrheit kein bisschen Frucht enthält.

Sie brauchen nicht Ihr inneres Wesen zu verändern, um eine begabte und engagierte Führungskraft zu werden. Sie müssen lediglich lernen, unterschiedliche Menschen unterschiedlich zu motivieren. Goldsterne, wohin Sie blicken.

Ein Wort an den Weisen: Stehen Sie sich nicht die Hacken ab, während Sie darauf warten, dass andere Ihnen auf Ihrer »Schiene« entgegenkommen. Machen Sie das zu Ihrem Job; ersparen Sie sich den Ärger.

Was Sie sagen, ist das, was Sie bekommen

Es gibt unzählige Hinweise darauf, ob die Menschen, die für Sie arbeiten, Gefühls- oder Verstandesmenschen sind.

Hier ist ein Beispiel: Sie begleiten zwei Ihrer Leute zu einer »Lunch and Learn«-Sitzung und diese zeigen sehr unterschiedliche Reaktionen auf das besprochene Thema. Auf dem Rückweg zum Büro beginnen sie eine angeregte Diskussion über ihre divergierenden Sichtweisen.

Erscheint deren Meinungsverschiedenheit als

- etwas mehr oder weniger Belangloses oder als
- eine Quelle der Angst oder des Stresses?

Ein ausgeprägter Verstandesmensch wird einer Meinungsverschiedenheit wenig Bedeutung beimessen; ein ausgeprägter Gefühlsmensch hingegen wird dieselbe Situation als stressig empfinden. Ein moderater Verstandes- oder Gefühlsmensch wird gemischte, mildere Reaktionen zeigen.

Warum, denken Sie, ist das so? Oder vielleicht sollte ich sagen: Warum, fühlen Sie, ist das so? Zeit für Unterricht.

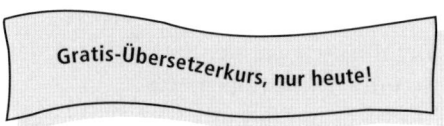

Gratis-Übersetzerkurs, nur heute!

Willkommen an Ihrem Glückstag. Sie schlagen diese Seite ausgerechnet an dem Tag auf, an dem ich Ihnen eine kostenlose Lektion im Übersetzen offeriere! Sie kommen gerade recht. Suchen Sie sich einen Platz und bedienen Sie sich beim Kaffee. Gleich geht es los.

Mittlerweile wissen Sie, dass Verstandes- und Gefühlsmenschen unterschiedliche Realitätsvorstellungen und Entscheidungsfindungstaktiken haben. Da überrascht es nicht, wenn sie auch unterschiedliche »Sprachen« sprechen.

Gehen Sie nicht! Professorin Zack ist hier zu Ihren Diensten. Rosetta Stone [amerikanischer Anbieter webbasierter Sprachlernprogramme] bietet zugegebenermaßen das umfangreichere Programm, ist aber auch teurer.

Die folgende Tabelle enthält Beispiele, wie Sie das, was die eine Spezies sagt, in das Vokabular der anderen übersetzen können.

Verstandesmenschen	Gefühlsmenschen
Wie denken Sie darüber?	Was sagt Ihr Gefühl dazu?
Ich denke, dass sich die Sitzung lohnen wird.	Ich habe ein gutes Gefühl in Bezug auf diese Sitzung.
Wie denken Sie über dieses Programm?	Was sagt Ihr Gefühl zu diesem Programm?
Ich habe nicht gern mit Leuten ohne Standvermögen zu tun.	Ich mag keine unsensiblen Menschen.
Zu jedem gesunden Team gehört eine Portion Konflikt dazu.	Wir müssen gemeinsam den offenen Konflikt vermeiden.

Das macht direkt Spaß, wenn man es erst einmal raushat. Und vielleicht beginnt für Sie damit gar ein neues Leben.

Der erste Schritt ist, zu registrieren, ob jemand von »denken« oder »fühlen« spricht. In der Regel sind diese beiden Begriffe austauschbar, wie in den folgenden Beispielen:

■ Ich *denke*, dass das eine gute Idee ist. → *Mein Gefühl* sagt, dass das eine gute Idee ist.

Beide Versionen lassen sich auch mit neutralen Worten ausdrücken, die weder auf einen Verstandes- noch auf einen Gefühlsmenschen schließen lassen:

■ Ich *weiß*, das ist eine gute Idee. → Ich *halte* das für eine gute Idee. → Ich *habe den Eindruck*, dass das eine gute Idee ist. → Mir *scheint* das eine gute Idee zu sein.

Nichtspezifische Wörter sind eine gute Wahl, wenn Sie sich neutral äußern wollen, ohne einer der beiden Gruppen den Vorzug zu geben.

Auf der nächsten Seite folgt eine Liste.

schätzen	erleben	wahrnehmen	erinnern
glauben	schaffen	erwägen	scheinen
begreifen	wissen	verarbeiten	den Eindruck haben
beschließen	lernen	erkennen	unterstützen
zeigen	motivieren	beziehen	verstehen

Die erste Stufe besteht also darin, die Häufigkeit herauszuhören, mit der ein Mitarbeiter Varianten der Wörter *denken* und *fühlen* gebraucht. In Gesprächen sind sie fast immer mehr oder weniger austauschbar.

Angenommen, Sie nehmen an einem beruflichen Fortbildungsprogramm teil und verlassen den Seminarraum zur Mittagszeit mit Ihrem Kollegen Aaron. Sie plaudern über dies und das; und obwohl an dem Austausch nichts falsch ist, spüren Sie doch eine gewisse Unverbindlichkeit. Das kann passieren, wenn sich das Gespräch ungefähr so entwickelt:

Sie: »Hey, Aaron. Was denkst Du über den Kurs heute Morgen?«
Aaron: »O ja, fühlte sich gut an.«

Sie: »Wirklich? Denkst du, dass du was Neues gelernt hast?«
Aaron: »Sicher! Ich habe das Gefühl, dass ich einige nützliche Tipps aufgeschnappt habe.«

Sie: »Ja, vermutlich hast du recht. Ich denke auch so. Brauchte ein bisschen, bis es losging.«
Aaron: »Und ich habe das Gefühl, dass es geholfen hat, dass sich jeder zu Beginn vorstellte.«

Sie: »Denkst Du?«
Aaron: »Klar. Es fühlte sich gut an, endlich die Namen der neuen Leute zu erfahren.«

Merken Sie, was passiert? Sobald Sie einmal auf diese elementaren Wörter (*fühlen* kontra *denken*) achten, werden Sie überrascht sein, wie konsequent manche Menschen die eine oder die andere Formulierung bevorzugen. Das ist ein klarer Hinweis für das eine oder das andere Extrem des V/G-Spektrums.

Der nächste Schritt ist, dass Sie beide Sprachen trainieren, um schließlich beide fließend zu beherrschen und in der Lage zu sein, nach Belieben zwischen ihnen hin und her zu wechseln. Mit etwas Übung können Sie in wichtigen Gesprächen in die Sprache Ihres Gegenübers einstimmen. Wenn Sie beispielsweise mit einem Verstandesmenschen über seine Jahresperformance sprechen, können Sie sich seine Sprache zu eigen machen, um sicher zu sein, dass Ihre Botschaft ankommt.

Von Verstandesmenschen bevorzugte Beispielwörter:

- Prinzipien
- Fairness
- Analyse
- Konsequenz
- Gültigkeit
- Begründung

Von Gefühlsmenschen bevorzugte Beispielwörter:

- Mitgefühl
- Einfühlungsvermögen
- Fürsorge
- Gespür
- Intensität
- Harmonie

Was den Menschen an dem einen Ende des Temperamentspektrums mühelos von der Hand geht, kostet denjenigen vom anderen Ende möglicherweise viel bewusste Anstrengung. Ein beruflicher Austausch, der an einem Verstandesmenschen abperlt, macht einem Gefühlsmenschen möglicherweise enorm zu schaffen, und umgekehrt.

Hier sind einige **potenzielle Gefahrenzonen**:

Verstandesmenschen ...

- sind sich der Wirkung ihres Tonfalls mitunter nicht bewusst.
- treffen Entscheidungen überwiegend aus logischen Erwägungen heraus.
- nehmen Missstimmigkeiten weniger wahr und lassen sich davon weniger irritieren.
- legen mehr Wert auf das, was »wahr« ist, als auf das, was für das Team subjektiv am besten ist.

Gefühlsmenschen ...

- nehmen Konflikte lebhafter wahr.
- treffen Entscheidungen eher aus Beziehungsüberlegungen heraus.
- reagieren auf zwischenmenschliche Probleme mit starken Gefühlen.
- legen mehr Wert auf das, was sich gut anfühlt, als auf das, was für das Team objektiv am besten ist.

Wenn Sie ein auditiv veranlagter Mensch sind, wird Ihnen Ihr Ohr besonders gute Dienste leisten, um aus der Häufigkeit der für Verstandes- oder Gefühlsmenschen charakteristischen Begriffe auf den bevorzugten Stil zu schließen. Eine andere Möglichkeit, Verstandes- und Gefühlsmenschen zu identifizieren, besteht in der Wahrnehmung visueller Hinweise.

Arbeitsumfeld

Besonders gut eignet sich für das Sammeln visueller Hinweise auf den Persönlichkeitsstil das Arbeitsumfeld. Beginnen Sie damit, dass Sie im Vorbeigehen ein paar Arbeitsplätze in Augenschein nehmen.

Im natürlichen Umfeld eines Gefühlsmenschen sind in der Regel ein paar wenige, meist jedoch viele Fotografien zu finden. Es spielt keine Rolle, ob sie älteren oder jüngeren Datums sind, Familienmitglieder oder Freunde zeigen. Gefühlsmenschen stellen auch gern Diplome zur

Schau, die sie auf eintägigen Fortbildungsveranstaltungen oder lang zurückliegenden Events erworben haben. Häufig hängt ein Lieblingszitat gerahmt an der Wand oder als Klebenotiz am Monitor.

Gefühlsmenschen	Kostenloser Rat für die denkende Führungskraft
	Verstandesmenschen, hören Sie mir zu! Nehmen Sie sich fünf Minuten – ich versichere Ihnen, es werden maximal 15 oder 20. Ich will Ihrer Produktivität schließlich nicht im Wege stehen. Wenn überhaupt, handelt es sich um eine nützliche Zerstreuung. Hängen Sie ein paar Diplome, Preise und Referenzen auf; das schafft Glaubwürdigkeit. Bringen Sie ein paar Lieblingsbücher mit und stellen Sie sie ins Regal zwischen all die Handbücher. Das schafft Wärme ohne zu viel Gefühlsduselei. Und zeigen Sie wenigstens ein Foto, und wenn auch nur von Ihrem Hund. So haben Besucher etwas, auf das sie blicken können, wenn Sie sie zu einer Besprechung einladen.

Obwohl organisatorisches Talent – oder dessen Fehlen – nicht unmittelbar mit der Typisierung V / G zusammenhängt, darf man getrost behaupten, dass das Büro eines Gefühlsmenschen tendenziell weniger aufgeräumt ist, was allein schon dem Umstand geschuldet ist, dass bei ihm mehr Dinge von sentimentalem Wert herumstehen. Und es gibt fast nichts, was vor den sentimentalen Anwandlungen eines Gefühlsmenschen sicher wäre.

Das Arbeitsumfeld eines Verstandesmenschen sieht in der Regel ganz anders aus. Ich habe Büros von Klienten gesehen, die aussahen, als wäre der Betreffende gerade erst eingezogen. Oder, um genauer zu sein, als wäre er noch nicht einmal eingezogen. Was vielleicht einmal an der Wand hängen sollte, lehnte gegen die Wand. Persönliche Gegenstände fehlten so gut wie vollkommen.

Willkommen im natürlichen Habitat eines Verstandesmenschen. Diese Schmucklosigkeit kann so weit gehen, dass man den Eindruck erhält, als handele es sich um ein Gemeinschaftsbüro oder als arbeite der Betreffende lediglich vorübergehend hier, während sein eigentliches Büro renoviert wird. Nur los, fragen Sie. Ohne Scheu. Die Frage wird einen Verstandesmenschen nicht irritieren. Ich bin einem solchen

Fehleindruck mehrmals aufgesessen. Meistens wird die Antwort ähnlich ausfallen wie die, die ich von einem für die globale Entwicklung zuständigen Unternehmensvorstand vernahm: »Nein, das ist mein Büro. [Lachen.] Ich bin vor etwa anderthalb Jahren hierher umgezogen. Ich habe immer noch vor, das eine oder andere aufzuhängen, hatte nur noch nicht die Zeit dazu. Ich halte mich hier im Übrigen auch nicht so viel auf.«

Lassen Sie sich nichts vormachen. Auch bei Ihrem nächsten Besuch wird das Büro noch genauso karg aussehen.

Warum eine solche Aktivität? Weil neben dem Bewusstsein und dem Gespür für Unterschiede die Schaffung von Zusammenhalt zwischen Kollegen zum Besten gehört, was Sie für Ihr Team tun können. Eine Studie aus jüngerer Zeit diagnostizierte geringere Stressniveaus in Arbeitsumgebungen, in denen die Beschäftigten von starken und hilfreichen Beziehungen zu berichten wussten.[7]

Übung	»*Keine Panik!*«

Hier ist etwas, das Sie spontan mit Ihrem Team unternehmen können, um zu beweisen, wie viel Ihre Leute, ganz gleich, ob Verstandes- oder Gefühlsmenschen, gemein haben.

Es funktioniert mit neu gebildeten Teams ebenso wie mit solchen, die seit langer Zeit bestehen, solange sie ungefähr fünf bis 15 Mitarbeiter umfassen. Sagen Sie etwas wie: »Keine Panik! Allerdings habe ich eine alarmierende Neuigkeit für Sie. Sie sind eine Gruppe von Menschen, die absolut nichts verbindet!« Notieren Sie anschließend auf einem Whiteboard oder einer Staffelei für alle sichtbar (oder zeigen Sie ein vorbereitetes Blatt):

People with
Absolutely
Nothing
In
Common

(Menschen mit absolut keinen Gemeinsamkeiten)

Machen Sie Ihr Publikum notfalls darauf aufmerksam, dass es sich um ein Akrostichon handelt, bei dem die Anfangsbuchstaben der Zeilen das Wort PANIC ergeben.

→

Anschließend werden Sie die Massen mit Ihrer höchst wissenschaftlichen, gründlich recherchierten Herleitung verblüffen. Bitten Sie die Anwesenden, etwas über sich zu notieren, von dem sie einigermaßen sicher sind, dass es auf keine weitere Person im Raum zutrifft. In Anchorage geboren (solange sich Ihre Unternehmenszentrale nicht in Alaska befindet) wäre ein Beispiel. Oder: Jüngster von sieben Geschwistern. Oder: Besitzt die Fähigkeit, auf dem Einrad mit Feuer zu jonglieren. Oder anderes in der Art.

Lassen Sie die Anwesenden der Reihe nach ihre Aussagen vortragen. Wenn ein anderer die Eigenschaft teilt, muss der Vortragende eine neue Eigenschaft aus dem Ärmel schütteln. Klingt einfach.

Nach dieser Runde werden Sie von jedem Mitglied Ihres Teams eine unverwechselbare Eigenschaft kennen. An diesem Punkt können Sie noch einmal laut darauf hinweisen, wie recht Sie mit Ihrer Behauptung hatten. Es gibt absolut nichts, was alle Anwesenden miteinander verbindet.

Jetzt ist der richtige Zeitpunkt für eine Kehrtwende. Sagen Sie: »Moment! Vielleicht lässt sich das auch anders betrachten. Wir müssen das fehlende Glied in der Kette finden.« Denken Sie notfalls an Darwin.

Fragen Sie nach einem Freiwilligen. Nennen wir ihn Markus. Bitten Sie Markus nach vorn. Markus' Aufgabe ist es, ohne Pause über sein Leben zu reden – den Startpunkt kann er beliebig wählen. Alle anderen hören aufmerksam zu. Sobald Markus etwas erzählt, dass auch einem anderen Anwesenden vertraut vorkommt (besuchte die University of Wisconsin, mag die Musik der 1980er, ist Sushi-Fan), ruft der Betreffende »Stopp!«, springt nach vorn und stellt sich neben Markus. Markus beendet seinen biografischen Monolog und der neu Hinzugekommene beginnt, über sich zu sprechen. Jedoch nur so lange, bis wieder einer »Stopp!« ruft und den Erzählfaden übernimmt.

Das Ergebnis ist eine Kette von Teamkollegen, die von ihren Gemeinsamkeiten zusammengehalten wird.

Meraviglioso!

(Das ist mein italienisches Lieblingswort. Es bedeutet »wunderbar«. Ist es das nicht?)

Teambildende Aktivitäten zwecks Förderung des Gemeinschaftssinns eignen sich nicht nur als Pausenfüller auf Teamausflügen. Indem Sie Ihre Mitarbeiter zur Teamarbeit ermuntern und die Nähe zwischen ihnen fördern, reduzieren Sie den Stress, stärken die Arbeitsmoral und verbessern die Produktivität.

Flexibilisieren Sie Ihren Stil!

Gehen Sie auf Verstandes- und Gefühlsmenschen zu – gehen Sie nicht davon aus, dass andere die kommunikative Bereitschaft besitzen, Ihnen entgegenzukommen.

■■■ PS: Respektieren Sie unterschiedliche Weltanschauungen.

Kapitel 6

Allein da oben

»Jeder hört gern Komplimente.«
ABRAHAM LINCOLN

You make me so lonely baby
I get so lonely
I get so lonely I could die.

(Diese Verse stammen einmal nicht von mir,
sondern aus dem Elvis-Song »Heartbreak Hotel«.)

Wer will schon den ganzen Tag andere herumkommandieren … außer einer gelangweilten älteren Schwester? Endlose Aufgabenlisten gepaart mit ständigem Druck (ganz zu schweigen von ewigen Besprechungen) können den erfahrensten Chef an den Rand des Zusammenbruchs bringen. Und doch ist es möglich zu lernen, wie man dem Druck standhält und gleichzeitig andere zu Bestleistungen anspornt.

Es zeigt sich, dass einfache Arbeitsplatzfreundschaften mit direkt unterstellten Mitarbeitern gar nicht mehr so einfach sind. Nachdem Sie zuvor einer von ihnen waren, stehen Sie plötzlich allein da. Sie wissen natürlich, dass sich mit Ihrer Beförderung das eine oder andere ändert. Dennoch sind Sie immer noch die freundliche und hilfsbereite Person von vorher. Warum gehören Sie dann nicht mehr dazu?

Wie spielt sich das ab?

Noch einmal von vorn

Plötzlich bietet sich eine Aufstiegschance – von der Sie drei lange Jahre geträumt haben. Insgeheim hoffen Sie, dass die Wahl auf jemanden aus dem Unternehmen fallen wird und nicht auf einen unbekannten, nichtsnutzen Aufsteiger von außerhalb, der von Ihrer Branche keine Ahnung hat. Sie und mehrere Ihrer Kollegen bewerben sich. Jackpot! Ein weises Führungsteam entscheidet sich für Sie. Sie opfern einen glorreichen Sonntag, um Ihre Aktenordner und Ihren übrigen Krimskrams von ihrem bisherigen, von Stellwänden umringten Schreibtisch in ein eigenes Büro mit echter Tür zu verfrachten.

Sie beschließen in einem hellen Moment der Erkenntnis, die neue Ära Ihrer Regentschaft damit willkommen zu heißen, dass Sie am Montagmorgen der versammelten Runde ein Bagel-Frühstück ausgeben.

Selbstzufrieden summend treffen Sie eine Stunde vorher ein und richten im Frühstücksraum alles liebevoll her. Auf dem Tisch deponieren Sie ein kleines Schild, das Ihre frischgebackenen Mitarbeiter auffordert, sich zu bedienen – geht auf Sie! Um nicht aufdringlich zu wirken, ziehen Sie sich diskret in Ihr Büro zurück und warten, auf dass eine Flut der Dankbarkeit hereinströmt.

Umgangsformen sind eine Sache der Vergangenheiten, denken Sie um elf Uhr still bei sich. Mit mehr Schmackes als unbedingt erforderlich hämmern Sie auf Ihre Tastatur ein, um Ihre Mitarbeiter in diversen E-Mails über die Neuerungen zu informieren, die Sie schon so lange vorhatten einzuführen. Niemand hat Ihnen für das Bagel-Frühstück gedankt und niemand hat Ihnen zum neuen Titel oder zur neuen Bude gratuliert.

Was geht hier vor?

Alles ist jetzt anders. Ihre Kumpel sind jetzt Ihre Angestellten, und beides passt nicht zusammen. Sie fühlen sich erinnert an das Mal, als Ihre Mutter hilfreich anmerkte: »Ich bin nicht deine Freundin, ich bin deine Mutter!« Als ob das jemals in Zweifel gestanden hätte.

Ich habe eine schlechte Nachricht für Sie. Bitte setzen Sie sich. Verabschieden Sie sich von dem Gedanken, Sie könnten Ihre Freundschaften so weiterführen wie bisher. Sie sind jetzt der Chef und nicht mehr der Kumpel.

Machen Sie sich nichts vor: Jeder, der sonst noch mit Ihrer Position geliebäugelt hatte, ist überzeugt, dass er sie eher verdient hätte, und ist entsprechend sauer. Und wartet nur darauf, seine Theorie belegen zu können, sobald Sie etwas verbocken, was mit Sicherheit nicht lange auf sich warten lässt (es stört mich nicht, dass es mir zufällt, Ihnen das zu sagen). Er wusste, dass Sie für den Job nicht geeignet waren.

Womit wir bei der kognitiven Dissonanz wären.

Wir müssen einfach recht haben, nicht wahr? Die Sehnsucht danach, sich bestätigt zu sehen, ist tatsächlich unglaublich stark. Wenn wir im Leben von etwas überzeugt sind und der Augenschein uns eines Besseren zu belehren scheint, schaltet unser Gehirn auf Sondermodus, um diese Daten in Zweifel zu ziehen. Manchmal weigern wir uns, die Fakten überhaupt zur Kenntnis zu nehmen. Kognitive Dissonanz kann Menschen dazu bringen, dass sie die Informationen, die Ihren vorgefassten Überzeugungen widersprechen, schlicht leugnen.

Lassen Sie uns die Teile zusammensetzen. Jener andere, der sich seinerseits Hoffnungen auf Ihren Job gemacht hatte, ist überzeugt, dass er ihn verdient hätte. Das kann leicht in der Vorstellung münden, dass Sie sich zwischen ihn und seine rechtmäßige Beförderung gestellt haben. Und zumindest anfänglich wird es ihm schwerfallen zu akzeptieren, dass Sie für die Position qualifiziert sein sollen. Es wird Sie viel Mühe kosten, ihn zu überzeugen. Das ist nicht unmöglich, erfordert aber Zeit, Geduld und Beziehungsaufbau.

Früher oder später müssen Sie allen, die für Sie arbeiten, ein Feedback geben. Das ist in der Regel kein Zuckerschlecken. Besonders, wenn die Dinge zuvor lax gehandhabt wurden und die Leute gewohnt sind, so durchzurutschen, steht Ihnen einiges bevor. Am besten bemühen Sie sich von Beginn Ihrer Amtszeit an um positive Beziehungen zu Ihren Mitarbeitern ... ohne dabei jedoch Ihre Autorität aufs Spiel zu setzen.

Angenommen, Sie haben einen *wirklich* guten Freund bei der Arbeit – zumindest sind Sie überzeugt, dass es sich um einen solchen handelt – und Sie sind sich sicher, dass wenigstens diese Beziehung den Sturm Ihrer Beförderung überdauern wird.

Vielleicht haben Sie recht. Jede Regel kennt ihre Ausnahmen. Auch wenn ich nicht den Miesepeter spielen will: Das bringt nun wiederum ganz andere Probleme mit sich. Sie werden – darauf können Sie wetten! – der Vetternwirtschaft beschuldigt werden. Sie beide sitzen auf Schleudersitzen. Man wird Ihnen das nicht ins Gesicht sagen. Aber man wird sich gegenseitig in dem Verdacht bestärken, während die Unruhe unter Ihren Leuten immer größer wird.

Jeder Ihrer Schritte ...

Je höher Sie aufsteigen, desto mehr werden Sie analysiert, besprochen und beobachtet.

Für einige wenige fühlt sich das aufregend an. Die meisten jedoch schlucken schwer an dieser Pille. Jeder Ihrer Schritte in Gegenwart anderer wird registriert und interpretiert. Wussten Sie, wie fesselnd Sie sind?! Lassen Sie es sich nicht zu Kopf steigen. Ein Marketingchef aus dem Lager der Verstandesmenschen mit einer kreativen Ader gestand: »Ich habe – mehr als einmal – herbe Rückschläge erlebt, wenn ich mir im Vorfeld nicht hinreichend klargemacht hatte, was ich mit dem, was ich sage und wie ich es sage, bewirke. Dann musste ich im Nachhinein den Schaden begrenzen, was nicht immer einfach war.«

Ich beneide niemanden, der über die Maßen erfolgreich ist. Wie ähnlich muss ein solches Leben dem eines Gefangenen sein. Stellen Sie sich vor, Sie können durch keinen Park, auf keinen Spielplatz, in keinen Laden und in kein Bistro gehen, ohne dass Sie beäugt, fotografiert und in Zeitungen kommentiert werden. Ihre Privatsphäre verschwindet so rasch wie ein Song aus den Top-20-Charts des 21. Jahrhunderts.

In den meisten Branchen geht eine Führungsrolle natürlich mit nicht annähernd so viel öffentlicher Aufmerksamkeit einher, wie sie den Spitzenstars in Sport, Musik und Film oder den königlichen Familien zuteil wird, aber ganz unbeobachtet bleiben Sie dennoch nicht. Ihre Wahl eines Triple-Venti-fettfrei-extra-Schaum-Latte im Starbucks in der Lobby Ihres Unternehmens wird Ihnen vermutlich kein Titelseitenfoto in der Tagespresse einbringen. Sie bietet lediglich einigen morgendlichen Schlangestehern hinter Ihnen einen potenziellen Grund, von ihren iPhones aufzusehen und Ihnen einen irritierten Blick zuzuwerfen.

Gleichzeitig aber verstärkt Ihre einflussreiche Position auch den Vervielfältigungseffekt, sobald Sie Mitarbeiter gut behandeln, sich an die Spitze von Freiwilligenkampagnen stellen oder neue Mitarbeiter betreuen. Das Rampenlicht verschafft Ihnen die Möglichkeit, im großen Stil als positives Rollenvorbild zu wirken.

Vor- und Nachteile gehen Hand in Hand.

Lassen Sie uns über die Wirkung von Coachingstilen sprechen. Unsere Gesellschaft, die so darauf versessen ist, ja niemanden auf den Fuß zu treten, legt großen Wert auf das, was ich als Wohlfühlverhalten bezeichne. Eine Führungskraft hat in erster Linie dafür zu sorgen, dass sich die Mitarbeiter wohlfühlen, nicht wahr? In der eigenen Haut, mit ihrer Arbeit und letztlich natürlich auch mit der Führungskraft.

Ein unausgewogenes »Wohlfühlmanagement« geht schnell nach hinten los. Ein Wohlfühlcoach sucht ständig nach Möglichkeiten, wie er seine Mitarbeiter loben kann, in der Annahme, dass er sie damit zugleich motiviert. Was dabei zu kurz kommt, ist der gesunde Mix aus Motivation und Inspiration. Eine Wohlfühlführungskraft lobt auch für mittelmäßige Resultate.

Meine Leadership-Programme beinhalten regelmäßig Aktivitäten, die den Teilnehmern auf den ersten Blick als nicht machbar erscheinen. Die Teams erhalten eine Gruppenaufgabe und sollen mir Bescheid geben, sobald sie überzeugt sind, dass sie alles getan haben, was angesichts der gegebenen Ressourcen in ihren Möglichkeiten steht.

Meist werde ich ziemlich rasch gerufen, in der Annahme, die Aufgabe sei gelöst – weit unter dem Niveau, zu dem sie, wie ich sehr genau weiß, fähig wären. Ich weigere mich dann, das Ergebnis zu akzeptieren, und versichere ihnen, dass sie es besser können. Ich erinnere sie daran, dass ich sehr beschäftigt sei und nicht erneut gestört werden möchte, bis die Ergebnisse sich um 200 Prozent verbessert hätten. Dann stolziere ich von dannen (das ist meine Lieblingsstelle).

Alle Teams, mit denen ich bislang gearbeitet habe – und es waren Hunderte –, haben ihre eigenen Erwartungen übertroffen. Ihre Begeisterung ist zum Lachen, mit High fives, Gruppenfoto und eher peinlichen kleinen Tanzeinlagen.

Wie war das mit der dramatischen Verbesserung der Resultate … bei gleichzeitiger Hebung der Moral?

In Wahrheit bringt es mehr, Mitarbeiter zu inspirieren, gute Leistung zu bringen, anstatt ihnen lediglich ein gutes Gefühl zu vermitteln. Hier ist ein Trumpf: Eine Führung, die in erster Linie auf gute Leistung ausgerichtet ist, erzeugt am Ende bessere Gefühle bei den Mitarbeitern als eine reine Wohlfühlführung.

Die natürliche Veranlagung vieler Gefühlsmenschen verleitet diese häufig dazu, sich als »Wohlfühlcoach« zu befleißigen. Indem wir aber Mitarbeiter dazu anspornen, ihre eigenen Erwartungen zu übertreffen, anstatt sich mit weniger zufriedenzugeben, sorgen wir dafür, dass sich am Ende sowohl der Coach als auch das Team besser fühlt. Gute Leistung verschafft ein natürliches Hochgefühl. Und die Führungskraft erntet Respekt und Bewunderung.

Wie die Führungskraft einer Marketingagentur meinte: »Meine Chefin verlangt ungemein viel, und auch wenn unser Stil sehr unterschiedlich ist, hat sie erreicht, dass ich mittlerweile von meinen Beschäftigten mehr erwarte – und auch mehr bekomme.«

Wenn Menschen öde Routinetätigkeiten verrichten, fühlen sie sich entsprechend mittelmäßig. In solchen Fällen trägt auch ein Lob nichts zur Stärkung ihres Leistungsbewusstseins bei; es entwertet lediglich das Lob als solches. Die Gelobten erkennen, wie tief der Chef die Messlatte hängt, und tun es ihm gleich. Und sie halten dann auch ihre Arbeitsleistung für mittelmäßig.

Übung	Der richtige Coach

Nehmen Sie sich einen Stift und einen Augenblick Zeit. Schließen Sie die Augen … aber bleiben Sie bei wachem Bewusstsein. Überlegen Sie, wer Ihnen in Ihrem Leben schon einmal mit gutem Rat zur Seite gestanden hat. Das kann ein Sportcoach, Vorgesetzter, Familienangehöriger, Lehrer, Mentor oder Freund sein – Sie wissen schon, was ich meine. Der erste, der Ihnen einfällt, ist in der Regel für unsere Zwecke der Richtige.

Mein Lieblings-Coach: _____

Erstellen Sie jetzt eine Liste von Adjektiven, die den Betreffenden beschreiben:

_____   _____   _____

_____   _____   _____

_____   _____   _____

Betrachten Sie Ihre Liste. Handelte es sich um einen Wohlfühlcoach, einen Lobausteiler? Oder trieb er Sie weiter als Sie aus eigenem Antrieb gekommen wären – war er ein Leistungscoach? In den meisten Fällen sind unsere besten Coachs der Inbegriff einer fordernden Zuneigung. Wir begreifen, dass sie große Stücke auf uns halten, an unsere Möglichkeiten glauben und uns Erfolg wünschen. Ihr Glaube an uns manifestiert sich nicht in einem schwülstigen Strom von Superlativen. Vielmehr necken und schieben und quälen sie uns, auf dass wir mit aller Kraft vorwärts streben und uns von keinen Hindernissen aufhalten lassen. So strengen wir uns an, ihre Vision von unserem Erfolg zu verwirklichen.

Wenn Sie als Führungskraft Ihre Mitarbeiter inspirieren wollen, sollten Sie die Eigenschaften an den Tag legen, die Sie schätzen, sich den Respekt Ihres Teams erwerben und eine Plattform schaffen, von der aus Ihre Mitarbeiter höher springen können als jemals zuvor.

Wenn wir angetrieben und herausgefordert werden, erfüllen wir am Ende auch die Erwartungen, die man in uns steckt.

Die obige Übung ist der Beweis. Wenn Sie sie ausgelassen haben, sollten Sie sie jetzt nachholen. Das nimmt nur wenige Minuten in Anspruch und macht die Angelegenheit persönlicher.

Konsens ist so sehr alte Schule

Die Einbeziehung der Mitarbeiter in die Entscheidungsfindung lässt mitunter an die Büchse der Pandora denken, und viele Führungskräfte befassen sich damit lieber allein. Aber ein gut gestalteter Prozess schafft Verantwortungsbewusstsein und verteilt die Last der Entscheidungsfindung auf mehrere Schultern.

Ausschlaggebend sind Strukturierung und erkennbare Fairness. Das folgende Instrument schafft beides. Simsalabim!

Ich bin grundsätzlich kein Konsensfreund. Und das, obwohl die üblichen Arbeitsplatzgepflogenheiten den Konsens auf ein hohes Podest stellen. Wir müssen zu einem Konsens kommen! Konsens ist obligatorisch! Alle müssen sie den Konsens anstreben.

In typischen Arbeitskulturen frisst die Suche nach dem Konsens viel Energie, Zeit und Ressourcen. Und wie soll man ihn überhaupt erreichen? In jeder Gruppe von mehr als, sagen wir, zwei Leuten ist Konsens eine ziemlich pathetische Wunschvorstellung. Die Menschen haben unterschiedliche Standpunkte, Meinungen, Persönlichkeiten und Sichtweisen. Zu sagen, dass alle Handlung ruht, bis sich sämtliche Beteiligten geeinigt haben, ist ziemlich bekloppt, oder? Was ist, wenn sie sich nicht einigen? Sperren wir sie dann ein paar Wochen in einen Konferenzraum ein und hoffen auf das Beste?

Was die Menschen wirklich wollen, ist Fairness. Sie wollen den untrüglichen Eindruck haben, dass man sie ernst nimmt und ihre Sichtweisen honoriert. Das ist nicht dasselbe wie immer der »Sieger« sein.

Anderer Vorschlag: *Multivoting*. Multivoting hat alles: Einfachheit, Fairness, leichte Umsetzbarkeit, Flexibilität und gutes Aussehen.

Nun ja, vielleicht ohne das Letzte. Das hängt vermutlich von den Stickern ab, die zum Einsatz kommen. Aber ich greife vor.

Angenommen, Sie befinden sich in einer Gruppe (sechs bis 100 Menschen), die zwischen verschiedenen Optionen wählen oder einen Richtungsentscheid treffen muss.

Notieren Sie die Optionen gut lesbar auf einem Flipchart oder einem Whiteboard. Teilen Sie an die Anwesenden je drei kleine Sticker aus. Jede Form ist recht – Kreise, Sterne, oder kehren Sie den Künstler heraus. Ich selbst bin darin allerdings nicht so gut.

Die Teilnehmer treffen eine Wahl, indem sie unter die bevorzugten Optionen ihre Sticker setzen. Wenn jemand eine bestimmte Option den übrigen deutlich vorzieht, kann er alle seine drei Sticker dorthin setzen. Hat er eine erste und eine zweite Präferenz, kann er die erste mit zwei Stickern und die zweite mit einem Sticker markieren. Wenn er drei Optionen gleichermaßen gut findet, kann er unter jede jeweils einen Sticker setzen.

Anstatt dass nun jedes Gruppenmitglied für nur genau eine Option die Hand hebt, kann er beim Multivoting-Verfahren demonstrieren, wie ausgeprägt seine Präferenz ist, und kundtun, welche anderen Optionen er bis zu einem gewissen Grade ebenfalls unterstützen würde.

Jedes Mal, wenn ich vom Multivoting Gebrauch mache, ergibt sich daraus ein klarer Kreis von Siegern. Die Stimmen konzentrieren sich auf ein bis drei bevorzugte Optionen.

Diese Technik ist effektiv, weil sich niemand zurückgesetzt fühlt. Sie stellt ein faires und offenes System dar. Wenn ich nur einer von wenigen bin, die für meine Wunschoption votieren, bin ich vielleicht enttäuscht, aber ich kann die Fairness der Entscheidung nicht infrage stellen.

Die Menschen sind erleichtert, dass sie ihre Entscheidung in einem Bruchteil der Zeit treffen können, die ein langatmiger Konsensbildungsprozess erfordern würde.

Je nach Situation gibt es diverse Varianten des Multivoting-Verfahrens. Sie können den Wahlvorgang anonym gestalten, indem die Teilnehmer ihre Stimmen in Umschlägen abgeben, anstatt ihre Sticker offen sichtbar auf einer Tafel anzubringen. Man kann das Verfahren auch elektronisch, beispielsweise online, durchführen. Es lässt sich auch im Freien und ohne Tafeln und Sticker anwenden, indem die Teilnehmer ein, zwei oder drei Finger heben, nachdem zuvor ein unparteiischer Stimmenzähler bestimmt wurde. Ich denke, Sie verstehen das Prinzip.

Ich habe eine täuschend einfache Aufgabe für Teams mit drei bis acht Teilnehmern. Sie erhalten von mir sieben geometrische Plastikteile, von denen eines die Form eines Pfeils hat. Ich gebe nur eine spärliche Anleitung: *Legen Sie aus den vorhandenen Teilen fünf gleichzeitig bestehende Pfeile gleicher Größe zusammen. Ein Kinderspiel.*

Manche Gruppen lösen die Aufgabe im Handumdrehen, andere brauchen dazu eine halbe Stunde oder länger und manche finden die Lösung nie. Den meisten Gruppen fällt es nicht schwer, vier Pfeile zusammenzusetzen. Sie kommen dann zu mir, um mir zu sagen, dass die Teile nicht für fünf Pfeile reichen. Ich zähle sorgfältig die sieben Teile auf ihrem Tisch und versichere ihnen, dass die Ressourcen ausreichen.

Haben Sie jemals mit (oder neben) einem Team gearbeitet, das auf dieselbe Weise klagte: »Unsere Ressourcen reichen für die Lösung dieser Aufgabe nicht aus«? Und wo dann ein weiteres ebensolches Team daherkam und das Unmögliche mit denselben oder weniger Ressourcen vollbrachte?

Manchmal erleidet ein Teilnehmer bei dieser Aufgabe einen Kurzschluss. Er klammert sich dann an die Vorstellung, die Aufgabe sei unlösbar. Selbst wenn andere Teams um ihn herum triumphierend Erfolg verkünden, wiederholt er mantraartig seine These von der Unlösbarkeit der Aufgabe. Die Erfahrung zeigt, dass dann auch sein Team scheitern wird. Ein lautstarker Neinsager genügt, um jede Hoffnung auf Erfolg zunichte zu machen. Der häufigste Fehler, dem ich in solchen Situationen begegne, ist, wenn der Teamleiter die negative Stimme zu laut und zu lang ihre Botschaft verbreiten lässt, bevor er vermittelnd und beschwichtigend eingreift. Negative Energie kann die Resultate eines gesamten Teams in Gefahr bringen.

Solange Sie die Bedeutung der Negativität eines einzelnen Beteiligten ignorieren oder herunterspielen, verbreitet sich das Ergebnis weit über den Betreffenden hinaus. Sprechen Sie mit ihm, suchen Sie nach den Gründen, denken Sie über Alternativen nach und bitten Sie um Unterstützung. Lassen Sie nicht zu, dass aus der kleinen Flamme ein Flächenbrand wird, der die besten Anstrengungen aller zerstört.

Die Lösung der Aufgabe erfordert übrigens eine gute Portion kreativen Denkens. Vier Pfeile lassen sich aus den bereitgestellten Teilen bilden, und der fünfte entsteht durch die Anordnung der übrigen vier – als der Zwischenraum, der entsteht, wenn vier Pfeile entsprechend platziert werden. Für den Fall, dass es Sie interessiert ...

Beziehungen: Ein wichtiger Erfolgsfaktor

Manche Führungskräfte sind der Ansicht, Resultate seien wichtiger als Beziehungen. Es zeigt sich aber, dass Resultate und Beziehungen untrennbar miteinander zusammenhängen. Vor allem aber beurteilen Führungskräfte die Qualität ihrer Kommunikation mit ihren Mitarbeitern häufig ganz anders als unabhängige externe Beobachter. Eine Studie kam zu dem Ergebnis, dass 92 Prozent der Führungskräfte sich selbst in dieser Rolle die Note »gut« bis »sehr gut« gaben; eine Einschätzung, die jedoch nur 67 Prozent der jeweiligen unterstellten Mitarbeiter bestätigen wollten. Es überrascht deshalb nicht, wenn Führungskräfte im Schnitt sieben oder mehr Stunden in der Woche mit der Lösung von Persönlichkeitskonflikten zubringen.[8]

Mit Konflikten und schlechter Kommunikation verschwendete Zeit führt zu einer höheren Mitarbeiterfluktuation und geringeren Umsätzen. Nehmen Sie sich die erforderliche Zeit, um klare Kommunikationskanäle einzurichten, und Sie ersparen sich damit viele zukünftige Kopfschmerzen.

Flexibilisieren Sie Ihren Stil!

Denken Sie daran, dass Sie unter ständiger Beobachtung stehen, und bemühen Sie sich bewusst um eine zuverlässig freundliche, offene und positive Einstellung. Spornen Sie Ihre Mitarbeiter gleichzeitig an, ihre eigenen Grenzen zu überwinden. Mit dieser Form der »fordernden Liebe« schaffen Sie sich ein stärkeres und motivierteres Team.

 PS: Sie haben die Ressourcen, die Sie benötigen, um Ihre Ziele zu erreichen.

Kapitel 7

Chefallüren

»Ein guter Häuptling nimmt nicht, sondern gibt.«
Sprichwort der Mohawk

Chef. Klingt so herrisch.
Tu dies, tu das ... ich werd's tun.
Wann ist mein Urlaub?

(Ein Haiku [eine traditionelle japanische Gedichtform],
falls Ihnen dieser künstlerische Punkt entgangen sein sollte.)

In Carl Gustav Jungs Autobiografie *Erinnerungen, Träume, Gedanken*
(1962) lesen wir Auszüge einer Unterhaltung zwischen Jung und Och-
wiä Biano, einem Häuptling der Taos pueblos aus Neu-Mexiko:

> »Wir verstehen [die Weißen] nicht. Wir glauben, dass sie
> verrückt sind.«
> Ich fragte ihn, warum er denn meine, die Weißen seien alle
> verrückt.
> Er entgegnete: »Sie sagen, dass sie mit dem Kopf denken.«
> »Aber natürlich. Wo denkst du denn?«, fragte ich erstaunt.
> »Wir denken hier«, sagte er und deutete auf sein Herz.[9]

Häuptling Biano beschreibt, wie es zwischen Gefühls- und Verstandesmenschen steht. Insbesondere empfinden Menschen vom einen Ende
des Spektrums diejenigen vom anderen Ende als »verrückt«. Um effektiv führen zu können, müssen wir Vorurteile ablegen und lernen,
Unterschiede zu schätzen und davon zu profitieren.

Ein weiteres Missverhältnis besteht häufig zwischen der Wahrnehmung der Führungstätigkeit durch die Geführten und den wahren
Herausforderungen des Führens. Lesen Sie, was mir ein Techniker in
einem globalen Wertpapierunternehmen erzählte:

**»Irgendwann wünsche ich mir auch mal einen leichten stressfreien Job.
Wie beispielsweise den eines Managers.«**

Ja, ja, ich weiß, darüber könnten Sie sich aufregen. Lassen Sie es bleiben. Ich bin für Sie an Ort und Stelle aufgestanden. Es gibt da eine
Kluft zwischen Wahrnehmung und Realität. Unter denen, die niemals
eine Führungsposition bekleidet haben, gibt es viele, die darin einen

bequemen Job sehen. Was tut ein Manager denn schon, außer den ganzen Tag in seinem schmucken Büro zu sitzen und im Web zu surfen. Alle anderen leisten echte Arbeit, nicht wahr? Ist das wirklich so? Wer möchte etwas dazu sagen? Wenn die Führungstätigkeit so einfach ist, warum drücken sich so viele von uns davor? Weil da ein Missverhältnis besteht zwischen dem, was das ungeübte Auge unter »Führung« versteht, und den tatsächlichen Anforderungen auf dem Gebiet.

Wo fangen wir an?

 Wie steht es mit Ihnen selbst? Übernehmen Sie die Verantwortung für ständige Verbesserung und lebenslanges Lernen! Seien Sie ein Vorbild und machen Sie sich klar, wie viel Wegstrecke noch vor Ihnen liegt. Setzen Sie sich planmäßige Ziele, organisieren Sie sich so, dass Sie sie erreichen können, und machen Sie regelmäßig eine Bestandsaufnahme.

Wie erfahren Sie, dass Sie bei der Arbeit etwas falsch gemacht haben? Das ist einfach! Jemand – meist irgendein Vorgesetzter – macht Sie auf Ihr Versäumnis oder Ihren Fehler aufmerksam. Und wie erfahren Sie, ob Sie etwas richtig gemacht haben? Ich warte …

Wenn es Ihnen ähnlich geht wie den meisten Menschen, lautet die Antwort: gar nicht. Oder vielmehr: Niemand scheint davon Notiz zu nehmen. Dinge richtig zu machen, ist kein Ereignis. Hier sind zwei negative Begleiterscheinungen:

1. Mangelhafte Kommunikation ist ein fruchtbarer Boden für die Gerüchtebildung.
2. Wenn nur negatives Feedback vermittelt wird, leidet darunter die Produktivität.

Mangelnde Kommunikation hat ihre Ursache häufig in der Arbeitsüberlastung vieler Führungskräfte. Eine häufige Schwierigkeit im Zusammenhang mit der Führungsrolle brachte der stellvertretende Direktor einer mittelgroßen gemeinnützigen Organisation wie folgt auf den Punkt:

»Bevor ich Manager wurde, war das, was ich abzuliefern hatte, meine eigene Leistung. Heute bin ich zwar immer noch für mein eigenes Portfolio zuständig, aber ich trage zusätzlich die Verantwortung für acht weitere Mitarbeiter. Auch ihre Leistung muss ich nun abliefern. Unabhängig von meinem eigenen Portfolio und meinen eigenen Fristen muss ich auch meinen Mitarbeitern zur Verfügung stehen und dafür Sorge tragen, dass ihre Leistung stimmt.«

Übung	*Optionen klären*

Überlegen Sie, welche Verhaltensweisen Ihren Erfolg behindern. Wir wollen darauf das CCC-Modell anwenden: C*hange,* C*onsequence und* C*ontract (Veränderung, Konsequenz, Vertrag).*

Potenziell hinderliche Verhaltensweisen:

- Aktivitäten starten, aber nicht zu Ende führen
- Andere anschreien, wenn Sie unter Druck stehen
- Sich selbst klein machen, wenn man gelobt wird
- Andere mitten im Satz unterbrechen

Mein hinderliches Verhalten: _____

Eine Veränderung **(Change)** meines Verhaltens wäre aus folgenden Gründen von Vorteil:

1. _____
2. _____
3. _____

Diese Veränderung hätte folgende Konsequenzen **(Consequences)**:

1. _____
2. _____
3. _____

Zuletzt wollen wir alles in einem Vertrag zusammenfassen. Ein Vertrag ist eine klar formulierte (schriftliche!) Absichtserklärung bezüglich der nächsten Schritte und Ziele.

Der Vertrag **(Contract)**, den ich mit mir selber zwecks Veränderung dieses Verhaltens mit einer Laufzeit von 30 Tagen schließe, lautet:

_____

Das CCC-Modell liefert eine Struktur zur Identifizierung und Beseitigung von hinderlichen Verhaltensweisen. Es erweist sich auch als nützliches Instrument, um anderen Feedback zu geben.

Es gibt wenig, das ich lieber mache, als ein totales Chaos zu veranstalten, und so macht mir die folgende Übung immer besonders viel Spaß.

Die Teilnehmer bilden Gruppen, deren Aufgabe es ist, ihrem Chef »zulässige« Luftballons zu überreichen. Die »Chefs«, zufällig ausgewählte Teilnehmer, dürfen während der Dauer der Übung nicht sprechen. Jeder von ihnen erhält eine Sicherheitsnadel, um damit die einzige Art von erlaubtem Feedback zu geben – sie sollen alle Ballons zum Platzen bringen, die nicht die folgenden Zulässigkeitskriterien erfüllen. Zulässig ist ein Ballon, der ...

- dem Chef mit der Hand überreicht – nicht direkt oder indirekt geworfen oder gestoßen – wird,
- von anderer Farbe ist als der zuvor dem Chef überreichte Ballon,
- aufgeblasen und verknotet ist (jede Größe ist recht).

Die Teams wissen nichts von den Kriterien. Die einzige Anweisung, die sie erhalten, lautet: »Überreichen Sie Ihrem Chef so viele Ballons wie möglich. Das Team mit den meisten angenommenen Ballons erhält einen Preis.«

Die Teams wissen nicht, wie ihnen geschieht. Für Zuschauer ist das ein großer Spaß. Die Teams entwickeln verrückte Theorien. Einmal kratzte sich ein Teammitglied zufällig am Kopf, bevor er einen akzeptierten Ballon überreichte. Das Team klammerte sich daraufhin an diese vermeintliche Bedingung und stellte intern die Regel auf, dass sich jeder am Kopf kratzen müsste, bevor er dem Chef einen Ballon überreiche.

Nach rund zehn Minuten allgemeinen Chaos' frage ich die Teams, welche Kriterien »zulässige« Ballons ihrer Meinung nach erfüllen mussten. Die Listen sind unglaublich. Die vorgebrachten Theorien sind regelmäßig viel komplizierter als die tatsächlichen Bedingungen.

Diese Übung ist eine Metapher für das, was passiert, wenn Teams negatives, unzureichendes Feedback erhalten. Ohne positive Bestätigung oder klare Anweisungen schaffen Teams Ersatz, indem sie Regeln ohne Wirklichkeitsbezug erfinden, Gerüchte über die wahren Wünsche des Managements in die Welt setzen, auf Dienst nach Vorschrift umschalten oder schlicht aufgeben.

Die erfolgreiche Bewältigung Ihrer Führungsaufgaben und Ihrer übrigen Aufgaben erfordert Effizienz. Das bedeutet, dass Sie klare Erwartungen formulieren und eigenständiges Arbeiten fördern müssen. Darf ich vorstellen:

ERSA!

Dieses hübsche Kürzel steht für:

- **E**xpectation (Erwartung)
- **R**elinquish (Loslassen)
- **S**upport (Unterstützung)
- **A**ccountable (Verantwortung)

Erwartungen

Formulieren Sie unmittelbar bei jeder Neueinstellung und beim Beginn jedes neuen Projekts und jedes Auftrags klare Erwartungen. Es ist erschreckend, wie häufig Erwartungen unbestimmt bleiben, Zeit verschwendet wird, Arbeiten wiederholt werden müssen und Mitarbeiter für die resultierenden Versäumnisse verantwortlich gemacht werden.

Loslassen

Gehen Sie aus dem Weg! Fördern Sie eigenständiges Arbeiten, indem Sie die Notwendigkeit der eigenen Beteiligung auf ein Mindestmaß reduzieren. Glauben Sie mir, Ihre Mitarbeiter werden es Ihnen danken, und Sie sparen wertvolle Zeit und Energie.

Unterstützung

Lassen Sie Ihre Mitarbeiter wissen, dass Sie als Resonanzgeber, Unterstützer und Ratgeber zur Verfügung stehen. Zur Unterstützung gehört es, dass Sie Ihre Teammitglieder für ihre Beiträge vor anderen loben, sie vor äußeren Forderungen und Kritik in Schutz nehmen und ihnen im Notfall tatkräftig beistehen.

Verantwortung

Die Erwartungen, die Sie an Ihre Mitarbeiter stellen, erhalten erst dadurch Gewicht, dass Sie diese für das Endprodukt zur Rechenschaft ziehen. Wie die Mitarbeiter das Ziel erreichen, obliegt ihrer eigenen Entscheidung, und häufig werden sie einen ganz anderen Weg gehen, als Sie ihn gegangen wären. Dagegen ist nichts einzuwenden, solange Klarheit über die Ziele besteht und Sie Ihren Mitarbeitern hilfreich zur Seite stehen. Rechenschaft zu verlangen, ist eine wichtige Erfolgsbedingung. Und wer sollte das tun, wenn nicht Sie?

Feedback für Führungskräfte, die es hassen, Feedback zu geben.

Ein unmittelbar Ihnen unterstellter Mitarbeiter treibt Sie zur Weißglut. Sie sind erschöpft und spüren das Gewicht der Welt auf Ihren Schultern lasten. Sie haben so viele Bälle in der Luft, dass Sie beim Cirque du Soleil damit eine Solonummer bestreiten könnten. Sie haben keine Nanosekunde für sich selbst übrig. Als Verstandesmensch sind Sie einfach nur genervt. Als Gefühlsmensch suchen Sie für alles die Schuld bei sich selbst.

Und Ihr Mitarbeiter kapiert es einfach nicht. Er merkt noch nicht mal was.

Die Kraft der positiven Bestätigung

Ungezählte Studien belegen die bemerkenswerte Wirkung der positiven Bestätigung. Insbesondere der Vergleich zwischen dem Tadeln schlechter Leistung und der Verstärkung von beispielhaft gutem Verhalten ergibt einen klaren Vorteil für letzteres Vorgehen. Fasziniert lese ich immer aufs Neue Artikel, die diesen Zusammenhang bestätigen, wobei als »Probanden« ebenso die unterschiedlichsten Tiere zum Einsatz kommen wie, nun ja, Ehemänner zum Beispiel. Warum führen Sie nicht selbst eine kleine Untersuchung durch? Mal sehen, was dabei herauskommt! Angenommen, Sie sagen: »Ich bin nicht gut darin, andere zu loben. Das ist nicht mein Ding. Das würde gestellt klingen.« Dann lesen Sie, was mir auf einer meiner Geschäftsreisen widerfuhr.

Berufliche Reisen sind mitunter eine wunderbare Gelegenheit, Orte kennenzulernen, in die es mich andernfalls niemals verschlagen hätte. Die Schattenseite der Medaille ist, dass ich am Ende zumeist fast meine gesamte Zeit in Hotels und Konferenzzentren verbringe. Deshalb gestatte ich mir gern zumindest einen kurzen Spaziergang durch die umliegende Gegend, um einen Eindruck von meinem flüchtigen Lebensumfeld zu erhaschen. Einst joggte ich auf einem Weg entlang eines Flusses mitten in der Stadt und erblickte dort das beste Graffiti, das ich je gesehen habe.

Zuerst bemerkte ich direkt auf den Weg gesprüht die Aufforderung »Lauf schneller!« Ich tat, wie mir geheißen.

Einige Minuten später las ich auf dem Boden vor mir: »Halte das Tempo!« Auch das tat ich.

Dann: »Das machst du gut!«

Ich begann, mich auf die nächsten gesprühten Worte der Ermunterung zu freuen. Ich lief schneller und musste innerlich lachen. Das ging einige Kilometer so weiter. Irgendwann lachte ich lauthals über mich selbst. Mir wurde klar, dass ich mich anonym von einem (Klein-) Kriminellen, dem ich niemals begegnet war, hatte ermuntern lassen; von Worten, die nicht einmal unmittelbar mir gegolten hatten. Und doch hatte ich mich dazu verleiten lassen, mein Tempo zu steigern, und fühlte mich am Ende sehr viel besser aufgelegt und gestärkt.

Jede positive Ermunterung, die Sie als Führungskraft Ihren Mitarbeitern bieten, muss mindestens so gut oder besser sein als dieses anonyme Graffiti. Das ist wahrlich nicht zu viel verlangt.

Sie müssen also Feedback geben. Das ist ein perfektes Beispiel, wie Sie Ihren Stil flexibilisieren können. *Angenommen, Sie sind ein echter Gefühlsmensch. Und Ihr Mitarbeiter ist ein ebenso echter Verstandesmensch. Und Sie flexibilisieren Ihren Stil nicht.* Freitags hatten Sie Ihrem Mitarbeiter ein Treffen angekündigt, um »Produktivitätsfragen« zu besprechen, sodass Ihr Mitarbeiter wusste, dass irgendetwas nicht stimmt. Sie haben sich das gesamte Wochenende über die Situation durch den Kopf gehen lassen, und jetzt ist Montagmorgen. Die Feedbacksitzung spielt sich ungefähr folgendermaßen ab …

Legende:

S = Sie
M = Ihr Mitarbeiter

(Version 1)

S: »Hallo! Wie war Ihr Wochenende?«
M: »Gut, danke.«

S: »Haben Sie etwas Schönes unternommen?«
M: »Nö, nicht wirklich.« [Übersetzung: Warum fragen Sie mich das?]

S: [Gestelltes Lachen.] »Ich auch nicht. Immerhin war das Wetter gut!«
M: »Stimmt.« [Ist zunehmend gereizt.]

S: »Nun, ich bin wirklich froh, Sie in meinem Team zu haben. Sie sind so ein angenehmer Mensch, und jeder fühlt sich in Ihrer Gegenwart wohl.«
M: »…«

S: »Sie haben so ein freundliches Gesicht und bringen jeden zum Lachen.«
M: »…«

S: »Okay. Also da gibt es ein paar Dinge, über die wir sprechen sollten.«

SCHNITT!

Es ist zwecklos, an dieser Stelle fortzufahren. Es schmerzt zu sehr. In Ihrem Bemühen um eine positive Beziehung zu Ihrem Mitarbeiter vom Schlage der Verstandesmenschen haben Sie genau das Gegenteil erreicht. Ihr Mitarbeiter ist vom Verlauf der Begegnung total frustriert. Er denkt: »Warum kommt sie nicht zur Sache? Sie verschwendet nur ihre und meine Zeit.«

Nehmen wir jetzt stattdessen an, dass Sie einen ernsthaften Versuch unternommen haben, Ihren Stil zu flexibilisieren.

Als geübte, flexible Führungskraft vom Schlage der Gefühlsmenschen wissen Sie, wie Sie bei Bedarf ein paar V-Wörter aus dem Hut zaubern können.

(Version 2)

S: »Hallo, Dave. Wie geht's?«
M: »Prima.«

S: »Danke, dass Sie sich am Montagmorgen für diese Besprechung Zeit genommen haben. Wie ich am Freitag erwähnte, möchte ich mit Ihnen über einige Performancefragen reden.«
M: »Ja.«

S: »Ich weiß Ihren Einsatz zu schätzen. Gleichzeitig weiß ich aber auch, dass da noch Raum für Verbesserungen ist, und zwar in folgenden drei Bereichen …«

SCHNITT!

Das, liebe Leser, ist Flexibilisierung des Stils.

Bei einem Mitarbeiter vom Schlage der Gefühlsmenschen könnten Sie mit einer solchen Herangehensweise nicht landen. Er würde sich sofort angegriffen fühlen. Ein starker Verstandesmensch hingegen hat kein Problem damit. Er ist froh, dass Sie zur Sache kommen. Die Platinregel ist die Fortentwicklung der Goldenen Regel; aus »Behandle andere, wie du selbst behandelt werden willst« wird: *»Behandle andere, wie sie behandelt werden wollen.«*[10] Viele Ihrer Mitarbeiter wollen auch nicht annähernd so behandelt werden, wie Sie selbst behandelt werden wollen.

Gestalten Sie Ihre Interaktion mit anderen Menschen nach deren Stil, nicht nach dem Ihrigen.

Die folgenden *Feedback-Richtlinien* gelten für Verstandes- ebenso wie für Gefühlsmenschen.

So ist es richtig!	So nicht!
Konzentrieren Sie sich auf das, was läuft	Konzentrieren Sie sich auf das, was schiefläuft
Formulieren Sie Feedback positiv	Betonen Sie, was NICHT geschehen darf
Geben Sie regelmäßig Feedback	Warten Sie auf die Jahresbesprechung
Seien Sie konkret	Bleiben Sie vage
Spornen Sie zur Spitzenleistung an	Beschönigen Sie das Geleistete

Nach einer Vorstandssitzung beispielsweise, in der Ihre Mitarbeiterin Stephanie eine neue Marketingkampagne vorstellte, *sollten Sie statt so …*

[Quer durch den Raum rufend, während die Leute noch den Raum verlassen.] »Hey, Steph, kommen Sie mal her! War das ernst gemeint? Vergewissern Sie sich das nächste Mal wenigstens vor dem Eintreffen der Chefs davon, dass Bild und Ton funktionieren. Nichts beeinträchtigt die Glaubwürdigkeit so sehr, wie wenn man nicht weiß, wie man auf einem nagelneuen Projektor die Dias wechselt. Naja, Sie haben es ja schließlich hingekriegt. Nächstes Mal vielleicht mit etwas mehr Schwung, okay? Sparen wir uns die Details für Ihre Performancebesprechung im nächsten Monat auf. Gibt es etwas, über das wir jetzt reden sollten? Ich muss den Flug zu meinem nächsten Termin noch kriegen; Sie haben ein paar Minuten überzogen.«

… lieber so mit ihr reden:

[In Stephanies Büro, zehn Minuten nach ihrer Präsentation vor der Vorstandsriege.] »Hallo, Stephanie. Gratulation zu Ihrer ersten Vorstellung der neuen Kampagne. Es hat mich beeindruckt, wie Sie die Fragen in den letzten Minuten pariert haben, besonders, als der Kunde nach der Quelle der von Ihnen zitierten Marktforschungsstudie fragte und Sie die Antwort aus dem Ärmel schüttelten! Ich hab versäumt, Ihnen rechtzeitig eine Anleitung zu unserem neuen Vorführgerät auszuhändigen. Das wollen wir in der nächsten Woche gleich nachholen. Ihre Präsentationen werden von Mal zu Mal besser. Können Sie sich ein paar Minuten Zeit nehmen und sich überlegen, woran Sie möglicherweise noch arbeiten wollen? Wir können darüber dann sprechen, wenn wir uns heute Nachmittag sehen.«

Noch kniffliger ist die Anpassung des Feedbacks an das jeweilige Temperament. Aber die Mühe lohnt sich. Je besser Sie darin werden, desto leichter fällt Ihnen Ihr Führungsjob.

Gefühlsmenschen bevorzugen	Verstandesmenschen bevorzugen
sachte in die Performancebewertung eingeführt zu werden	direkt zur Sache zu kommen
die Diskussion	den unverblümten Rat
philosophisch verpacktes Feedback	pragmatisches Feedback
Motivation durch Sinnhaltigkeit	Motivation durch Ergebnisse

Um dem eventuellen Missverständnis entgegenzutreten, wonach sich Verstandesmenschen nicht darum scheren, ob sie für gute Leistungen gelobt werden: Häufig geht dieses Gerücht auf die Verstandesmenschen selbst zurück, die behaupten, sie bräuchten so etwas nicht. Schenken Sie ihnen keinen Glauben. Was sie nicht mögen, ist das blumige, exaltierte Lob, das sie als nicht authentisch empfinden. Aber selbst der abgebrühteste Verstandesmensch in Ihrem Büro weiß ein ernst gemeintes, konkretes und positives Feedback insgeheim sehr zu schätzen. Vermeiden Sie nur jede Übertreibung. Bei Verstandesmenschen ist weniger häufig mehr.

Ihr Teil des Handels

Welche Art von Beispiel geben Sie für andere ab? Welche Arbeitsumgebung fördern Sie? Hüten Sie sich vor zwei mörderischen grünen Arbeitsplatzmonstern: unkonstruktiver Kritik und ständigem Nörgeln.

Widerstehen Sie vor allem der Versuchung, Menschen zu verurteilen. Wenn Sie das tun, sind Sie stets und immer im Unrecht. Ohne Ausnahme. Habe ich erwähnt, dass Sie niemals im Recht sind, wenn Sie Urteile sprechen? Natürlich können Sie richtig von falsch unterscheiden; so sind Sie erst dahin gekommen, wo Sie heute sind! Darum geht es hier nicht. Die Fehlinterpretation setzt ein, sobald Sie nicht rund um die Uhr in der Haut (und im Kopf) eines anderen Menschen stecken. Möglicherweise entgehen Ihnen entscheidende Punkte. So beispielsweise, was wirklich geschehen ist, oder warum jemand eine Entscheidung getroffen hat, die Sie schlechterdings niemals verstehen werden. Ich könnte so ewig fortfahren. Lassen Sie uns stattdessen darin übereinkommen, dass die Verurteilung anderer nicht der richtige Weg ist.

Und das Verurteilen zieht unweigerlich Gerede nach sich. Tratsch. Sie kennen das Lied. Wie Junkfood, das am Ende wie Pappe schmeckt. Unausstehlich. In dem Augenblick, in dem Sie ausgekaut haben, wissen Sie es, und es gibt kein Zurück.

Verurteilende Kritik ist übrigens nicht gleichzusetzen mit konstruktivem Feedback. Die Kunst des hilfreichen Feedbacks ist ein wertvolles Instrument für höhere Führungskräfte. Verurteilende Kritik = Urteil. Wir kritisieren andere, um sie zu beleidigen. Wir geben konstruktives Feedback, um sie zu verbessern.

Das zweite mörderische grüne Monster am Arbeitsplatz ist das ständige Nörgeln. Es gibt wenig, das so unattraktiv ist, wie wenn jemand ständig Kommentare darüber abgibt, was alles nicht stimmt. Okay, getoppt vielleicht durch lautes Kaugummikauen.

Was halten Sie davon, »Keine Nörgelei!« zum Leitprinzip Ihrer Führungstätigkeit zu machen? Warum nicht. Starten Sie durch.

Seien Sie kein Nörgler. Oder wie es im Jiddischen heißt: kein *kvetcher*. Ist das nicht ein wunderbares Wort?

Alles, was Sie tun müssen, ist, Ihre Leute ein bisschen anzustacheln (engl.: *prod*). Ein Kinderspiel.

1. **P**! Formulieren Sie das Problem (**problem**):

_____

_____

_____

2. **R**! Schaffen Sie Klarheit über das gewünschte Resultat (**result**):

_____

_____

_____

3. **O**! Sagen Sie, was Sie objektiv beobachten (**observe**):

_____

_____

_____

4. **D**! Wo wünschen Sie sich Änderungen (**differences**)?

_____

_____

_____

Soziopathen und Sie

Fast jeder Ihrer Mitarbeiter meint es eigentlich gut. Es ist das nervige *fast*, mit dem wir uns hier kurz beschäftigen wollen. Einer unter 25 Menschen ist ein Soziopath und damit jemand, der ohne Gewissen lebt. Normale Kommunikationsmethoden fruchten bei ihm nicht. Soziopathie ist eine im aktuellen Diagnostischen und Statistischen Handbuch Psychischer Störungen (DSM-IV) der American Psychiatric Association verzeichnete dissoziale Persönlichkeitsstörung, die sich nicht auf leicht identifizierbare Stereotype beschränkt. Die gute Nachricht lautet, dass von 100 Menschen, denen Sie beruflich begegnen, 96 im Grundsatz gut sind und sich ebenso wie Sie die größte Mühe geben, ihrer Rolle so gut es geht gerecht zu werden. Die andere Seite dieser Gleichung finden Sie auch ohne meine Hilfe heraus.

Wenn Sie den Eindruck haben, es mit jemandem zu tun zu haben, der Sie anfangs überzeugte, mittlerweile aber eine Spur der Verwüstung hinterlässt, können Sie sich in einigen hervorragenden Büchern zu dem Thema Rat holen (einige finden Sie im Abschnitt »Lektüreempfehlungen« gegen Ende dieses Buches). Als Führungskraft sollten Sie diese Persönlichkeitsstörung im Auge behalten und wachsam sein. Geben Sie dem Betreffenden den Bonus des Zweifels; Statistiken legen den Schluss nahe, dass schwierige Beziehungen am Arbeitsplatz dennoch lösbar sind. Werfen Sie nicht leichtfertig das Handtuch. Berücksichtigen Sie den folgenden Erfahrungsbericht des Besitzers einer mittelgroßen Restaurantkette:

> »Wir waren drauf und dran, einer Angestellten aufgrund mangelnder Leistung zu kündigen. Dann aber setzten wir uns mit ihr zusammen und erklärten ihr genau, was wir von ihr erwarteten. Sie verbesserte die Qualität Ihrer Arbeit in bemerkenswerter Weise. Hätten wir sie hinausgeworfen, wäre das eine fürchterliche Ungerechtigkeit und ein großer Fehler meinerseits gewesen.«

Arbeiten Sie hart, halten Sie sich mit Urteilen zurück und handeln Sie nicht überstürzt. Gleichzeitig besteht eine wichtige Führungsqualität darin, den Zeitpunkt zu erkennen, von dem an es sinnlos ist, weiter Energie und Mühe in einen Mitarbeiter zu investieren, der sich als nicht führbar erweist. Wenn nichts hilft, sollten Sie ein paar Recherchen anstellen. Neben zahlreichen anderen Eigenschaften zeichnen sich Soziopathen durch einen kompletten Mangel an Empathie aus (wenngleich sie sie mitunter vorspielen können) und durch die charmante Fähigkeit, sich von normalen menschlichen Gefühlen nicht weiter irritieren zu lassen. In diesem Fall hilft nur, die Verflechtung – und, wenn möglich, auch die Zusammenarbeit – so weit es geht zu lösen. Die Wahrscheinlichkeit ist jedoch groß, dass beim nächsten Soziopathen, dem Sie begegnen, wieder andere Regeln gelten.

Flexibilisieren Sie Ihren Stil!

Passen Sie Ihr Feedback an die Persönlichkeit des Adressaten an. Nur so erzielen Sie dauerhafte Resultate.

 PS: Wenn das, was Sie tun, nicht funktioniert, versuchen Sie am besten etwas anderes.

Kapitel 8

Keine Tränen in meinem Büro ... ich habe Fristen einzuhalten

»Alles, was ich über Führung weiß, habe ich ›im Job‹ gelernt, als ich in einer Rock-'n'-Roll-Band spielte. Alles, was einem am Arbeitsplatz widerfahren kann, ist nichts im Vergleich zu einem Streit mit aufgebrachten, bekifften Schlagzeugern.«
LAURENCE BIELY

Von seiner Wange
tropfen Tränen,
benetzen meine Notizen.

(Eine weiterer Haiku ... ich habe gerade so eine Phase.)

Vielleicht haben Sie sich schon einmal in der überraschenden, nicht angekündigten Rolle des Mitarbeitertherapeuten wiedergefunden. Dann sind Sie nicht der Einzige; das passiert den Besten unter uns. Der Umgang mit den Emotionen der Mitarbeiter stellt Führungskräfte, ob Verstandes- oder Gefühlsmenschen, vor besondere Herausforderungen.

Beispiel für ein Problem aus Verstandesmenschensicht

Sie finden, Mitarbeiter sollten ihre Emotionen vor der Tür lassen. Geschäftliches hat mit dem Persönlichem nichts zu tun, und Mitarbeiter haben sich professionell zu verhalten. Und dennoch kommt es zwischen Ihren Mitarbeitern immer wieder zu emotional aufgeladenen Konflikten.

Beispiel für ein Problem aus Gefühlsmenschensicht

Ihre Mitarbeiter belagern Sie mit ihren emotionalen Problemen und rauben Ihnen alle Kraft. Sie versuchen zu helfen, lassen sich aber zu sehr mitnehmen, machen sich die Probleme anderer zu Eigen und verlieren zu viel produktive Arbeitszeit.

Als Verstandes- ebenso wie als Gefühlsmensch können Sie es nicht vermeiden, regelmäßig mit Mitarbeitergefühlen konfrontiert zu werden.

Ich bin keine Psychologin, sondern spiele lediglich eine in meinem Job

Hier sind einige Tipps, wie Sie Ihren Nebenjob als Belegschaftspsychologe meistern können:

Wenn jemand Sie fragt, ob Sie Zeit für ein Gespräch hätten und es sich nicht um einen klaren Notfall handelt, sagen Sie ihm, dass Sie zehn Minuten haben. Schenken Sie ihm während dieser Zeit Ihre komplette Aufmerksamkeit. Wenn die zehn Minuten vorbei sind, sollten Sie einen Schlusspunkt setzen. Es ist sehr viel besser, während eines zuvor erklärten Zeitfensters dem Gegenüber die volle Aufmerksamkeit zu widmen, anstatt ihm eine Stunde lang nur mit halbem Ohr zuzuhören, in der Hoffnung, dass er den Wink versteht.

Wenn ein Mitarbeiter sehr erregt ist, sollten Sie seine Gefühle spiegeln und mit bestätigenden Kommentaren versehen wie: »Klingt, als ob Sie das sehr mitgenommen hat.« Eine Bemerkung wie: »Sie sollten sich das nicht so zu Herzen nehmen«, oder: »So schlimm wird es schon nicht sein« vermittelt ihm nur das Gefühl, dass Sie ihn nicht ernst nehmen oder nicht verstehen wollen.

Fragen Sie, was seiner Meinung nach die Situation verbessern würde. Lassen Sie ihn seine eigene Lösung finden. Am Ende des (kurzen!) Gesprächs fassen Sie am besten noch einmal zusammen, was Ihr Gegenüber seinen eigenen Worten zufolge zu tun gedenkt.

Wenn der Betreffende sichtbar aufgewühlt ist, sollten Sie ihn bitten, sich zu setzen. Psychologen haben die Erfahrung gemacht, dass Menschen ruhiger werden, sobald sie sitzen.

Wenn ein Beschäftigter Unmut Ihnen gegenüber äußert, sollten Sie mit Ihren Worten wiederholen, was ihn konkret stört. Damit zeigen Sie ihm, dass Sie einfühlsam zuhören, und stimmen ihn milder.

Falls sich ähnliche Situationen wiederholen oder Sie nicht wissen, wie Sie damit umgehen sollen, verweisen Sie den Betreffenden an die Personalabteilung.

Verwenden Sie einen neutralen, aber fürsorglichen Ton, der in etwa zum Auftreten Ihres Gegenübers passt. Wenn er weich spricht, tun Sie es ebenso. Wenn er lebhaft ist, zeigen Sie sich ebenfalls von Ihrer energievollen Seite. Ein passender Tonfall hilft beim Beziehungsaufbau, besonders wenn jemand aufgebracht ist.

Seien Sie einfühlsam, ohne sich in die Emotionen des anderen hineinziehen zu lassen. Indem Sie sich allzu sehr mit seiner Angst und seinem Frust identifizieren, verstärken Sie die Spannung und vermindern Ihre Effektivität.

Hören Sie den Menschen um sich herum zu. Beherzigen Sie folgenden Rat des CEO einer für ihren preisgekrönten Kundenservice bekannten Autohauskette:

> »Führen Sie, indem Sie Fragen stellen. Und hören Sie der antwortenden Person zu. Wenn Sie denken, Sie wüssten die Antwort schon, haben Sie bereits verloren.«

Indem Sie Fragen stellen, widerstehen Sie leichter der Versuchung, in Ihrem Übereifer die Probleme des anderen »lösen« zu wollen. Zudem lenken gut formulierte Fragen die Aufmerksamkeit weg vom Über-dem-Problem-Brüten hin zum Finden einer Lösung.

Beispiel	*Wer rettet mich vor mir selber?*

In meinen Zwanzigern arbeitete ich freiwillig für Krisenhotlines in einer Reihe von US-amerikanischen Metropolregionen – ein Job wie für mich geschaffen. Gefühlsmenschen mit überschüssiger Zeit fühlen sich zu dieser Tätigkeit hingezogen wie Ameisen zu einem leckeren Picknick. Köstlich! Versammeln Sie eine Gruppe idealistischer Gefühlsmenschen an einem geheimen Ort – meist einem Kellerverlies ohne Fenster und mit zwanzig Jahre alten Sofas –, stellen Sie ihnen veraltete Telefone hin und lassen Sie sie die Welt retten, einen gestressten anonymen Anrufer nach dem nächsten.

Die Sache hat nur einen Haken.

Die Arbeit bei Krisenhotlines ist keine Spaßnummer, stehen doch mitunter Menschenleben auf dem Spiel. Eine Ausbildung ist unerlässlich. Die Folge dieser Ausbildung ist, dass eine Gruppe von Gefühlsmenschen – angetreten, die Welt zu retten – lernt, sich wie lupenreine Verstandesmenschen zu verhalten. Was für ein brillanter Trick.

Einmal nahm ich einen Anruf an und meldete mich mit der Standardformulierung: »Krisenhotline. Kann ich Ihnen helfen?«

Die Antwort: »Das will ich hoffen, denn ich bin drauf und dran, mich umzubringen.«

➝

Wenn ich diese Episode in Präsentationen wiedergebe, pflege ich eine Pause einzulegen und mein Publikum zu fragen, wie seiner Meinung nach wohl ein Gefühlsmensch auf so eine Anrede reagieren würde. Ich erhalte dann häufig Antworten wie die folgenden:

- »O nein! Tun Sie es nicht.«
- [Unkontrolliertes Schluchzen]
- »Aber das Leben ist es wert, gelebt zu werden!«
- [Kalter Schweißausbruch]
- »Bitte bringen Sie sich nicht um.«
- [Panik]

Nichts davon. Als ausgebildete kleine Hotlinerin antwortete ich dem Anrufer nüchtern: »Okay, und wie gedenken Sie sich umzubringen?«

Wenn ich diesen Teil der Geschichte erzähle, laufen Schockwellen durch den Raum, während die Gefühlsmenschen unisono ein vorwurfsvolles Schnauben vernehmen lassen. Wie kann ich so grausam, so herzlos und so gefühllos sein?

Und die Gefühlsmenschen unter Ihnen fragen sich jetzt trotz ihrer viel gepriesenen Charakterstärke, ob das Buch, das sie in den Händen halten, noch jungfräulich genug ist, um sich den Kaufpreis erstatten zu lassen.

Über Verstandesmenschen lässt sich Folgendes sagen: Sie sind wunderbar praktisch. Krisenhotlines bringen ihren Freiwilligen bei, auf eine Selbstmorddrohung nach Art eines Verstandesmenschen zu reagieren, weil der nächste Schritt im Gespräch ein ganz anderer ist, wenn die Erwiderung lautet: »Ich halte mir die Knarre an die Schläfe und bin bereit abzudrücken«, als wenn sie lautet: »Weiß nicht. Ich dachte an Pillen oder so was.«

Nur mit einer knallharten Technik eines Verstandesmenschen konnte ich erfolgreich dazu beitragen, das Leben jenes Anrufers zu retten. Manchmal müssen wir uns Verhaltensweisen zu eigen machen, die unseren gewohnten Reaktionen diametral entgegengesetzt sind, um das zu erreichen, was uns am wichtigsten ist.

Positive, erreichbare Ergebnisse

»Ich hasse das bedrückende Gefühl, für die Lösung sämtlicher Probleme der Menschen um mich herum zuständig zu sein.«
Linienmanagerin bei einem Textilhersteller

Wir können »Probleme« auch zu »Herausforderungen« umtaufen, wenn wir sie positiv sehen wollen. Wie ich gehört habe, soll Mutter Teresa allen Menschen in ihrem Umfeld verboten haben, das Wort »Problem« in den Mund zu nehmen; sie habe vielmehr darauf bestanden, dass es sich um »Geschenke« handele. Gespräche verliefen angeblich mitunter so: »Mutter Teresa, ich muss Ihnen von einem sehr großen Geschenk im Zusammenhang mit ... berichten.«

Ich habe offensichtlich noch nicht die ätherischen Höhen einer Mutter Teresa erklommen. Denn wenn beispielsweise ein Klient ein größeres Projekt einen Tag vor dem Start abbläst, bezeichne ich das definitiv als Problem. Und wenn wir mit Problemen anderer konfrontiert werden, stellen die meisten von uns einen bestimmten Typ von Frage.

Hier sind Beispiele von sogenannten *problembasierten Fragen*:

- Was stimmt nicht?
- Warum haben Sie dieses Problem?
- Was oder wer hat es verursacht?
- Wie wirkt sich das Problem aus?
- Wie beeinträchtigt das Problem Ihren Erfolg?

An diesen Fragen ist nichts falsch. Sie sind in zweierlei Weise nützlich. Sie geben uns die Möglichkeit, mehr über das Problem zu erfahren, und sie erlauben der Person mit dem Problem, Dampf abzulassen. So weit so gut.

Problembasierte Fragen helfen allerdings nicht bei der Suche nach einer Lösung. Schauen wir genauer hin. Alle diese Fragen konzentrieren sich auf die Vergangenheit – was ist geschehen, warum und in welcher Weise wirkt es sich negativ aus? Indem wir auf das blicken, was eh nicht mehr zu ändern ist, entziehen wir uns der Verantwortung und verlieren die Kontrolle.

Sobald Sie das Wesen des Problems erkannt haben, besteht keinerlei Veranlassung, weiter bei ihm zu verweilen. Und wissen Sie was? Es gibt eine ganz andere Art, Fragen zu stellen, mit einem ergebnisorientierten Ansatz. *Ergebnisfragen* führen uns vom Problem zu den Möglichkeiten. Hier sind Beispiele:

- Was wollen Sie?
- Was bringt Ihnen das? (Oder:) Was wollen Sie *wirklich*?
- Wie weit sind Sie schon gekommen?
- Welche Lösungswege bieten sich möglicherweise an?
- Wie könnten Sie Ihrem ersehnten Ergebnis einen ersten Schritt näher kommen?

Ergebnisfragen konzentrieren sich auf zukünftige Möglichkeiten und lenken unsere Aufmerksamkeit auf Optionen, Alternativen und unsere Eigenzuständigkeit.

Sie lenken den Blick auf erreichbare Ergebnisse und verbessern die Leistung und innere Einstellung. Mit ihnen signalisieren Sie Ihren Mitarbeitern, dass diese für die Lösung ihrer eigenen Probleme selbst zuständig sind. Sie entlassen sie auf die beste Art und Weise in die Selbstständigkeit.

Problembasierte Fragen	Ergebnisorientierte Fragen
zeigen Grenzen auf	erforschen Möglichkeiten
dringen in das Problem ein	identifizieren Lösungen
legen den Fokus auf bereits Geschehenes	legen den Fokus auf das, was geschehen kann
beleuchten vergangene Ereignisse	beleuchten zukünftige Möglichkeiten
betonen die Unabänderlichkeit	betonen die Wahlfreiheit
ergründen, was falsch lief	ergründen das *eigentliche* Ziel

Meine Lieblingsfrage (besser: meine zweitliebste Frage hinter »Pommes dazu?«) lautet:

»Was wollen Sie?«

Nennen wir sie die *Zur-Sache-Frage*. Weil sie mehr als jede andere Frage, die ich kenne, die Leute zwingt, zur Sache zu kommen.

Machen Sie daraus Ihr wichtigstes Werkzeug, um anderen bei der Lösung ihrer Probleme zu helfen. Diese Frage ist unglaublich vielseitig. Aber seien Sie vorsichtig. »Was *wollen* Sie?« ist eine ganz andere Frage als »Was wollen *Sie*?«.

Auf den Tonfall kommt es an. Wie in jeder Kommunikation, nur dass er bei dieser Frage besonders großen Einfluss hat. Spielen Sie damit. Sprechen Sie die Zur-Sache-Frage laut aus, wie wenn Sie wütend, genervt oder mitfühlend sind. Hören Sie, was ich meine? Aufrichtigkeit hängt vom Ton ab. Und jetzt entschuldigen Sie sich bei dem Mitreisenden mit den geröteten Augen, den Sie soeben geweckt haben.

Beispiel	»Ich will ...«

Ich arbeitete eine Weile als Fallbetreuerin für ein Verbraucherschutzprogramm des Fernsehsenders ABC. In manchen Situationen ging es um Leben oder Tod, andere waren weniger dramatisch, wenngleich ärgerlich genug.

Eine Verbraucherin rief mich an, um mir zu sagen, dass sie ein Unternehmen damit beauftragt hatte, in ihrer Wohnung, während sie bei der Arbeit war, einen neuen Teppich zu verlegen. Bei ihrer Rückkehr entdeckte sie, dass in allen Räumen der falsche Teppich lag. Sie kochte.

Wie lautete der nächste Schritt, um dieses Problem zu lösen? Die Teppichfirma anrufen und einen Termin für die Behebung des Fehlers vereinbaren? Falsch. Stattdessen stellte ich eine Frage, deren Antwort scheinbar auf der Hand zu liegen schien: »Was wollen Sie?«

Meine Frage machte die Anruferin sprachlos. Sie dachte angestrengt nach, um sich eine Antwort zurechtzulegen.

»Ich will ... ich will ... eine Entschuldigung!«. Das genau waren ihre Worte. Und dann: »Dieser Teppich ist gar nicht so schlecht. Ich würde ihn auch behalten.«

Ich dachte nur, wie viel einfacher mein Tag soeben geworden war, nur weil ich zur rechten Zeit die Zur-Sache-Frage gestellt hatte.

Ich kann beobachten, wie Führungskräfte zu viel versprechen und zu viel tun, nur weil sie, statt Fragen zu stellen, voreilig Angebote

→

machen. Wenn ein Mitarbeiter erklärt, eine Aufgabe überfordere ihn, reagieren wohlmeinende Vorgesetzte häufig damit, dass sie Hilfe anbieten, anstatt erst einmal zu fragen: »Was wollen Sie?« Manchmal lautet die Antwort, dass der Mitarbeiter lediglich Dampf ablassen will, um sich anschließend wieder mit seiner Arbeit zu beschäftigen.

Wenn ein potenzieller Neukunde ein Angebot verlangt, lautet die typische Antwort: »Ich werde es Ihnen noch vor Feierabend zukommen lassen« und nicht: »Bis wann benötigen Sie es?« (eine Variante von »Was wollen Sie?«).

Wenn Sie sich jemals überfordert fühlen, tun Sie sich bitte den Gefallen und fragen Sie zuerst bei den Betreffenden nach, was sie wollen, anstatt von Antworten auszugehen, die Sie bereits zu kennen meinen.

»Sie sind entlassen!«

Manchmal teile ich meine Klienten in Verstandes- und Gefühlsmenschen ein und gebe den beiden Gruppen identische Aufgaben: »Sie müssen jemanden aus Ihrem Team entlassen. Wie gehen Sie vor?«

Ich habe diese Übung mit Hunderten durchexerziert, und die Antworten waren sich stets unglaublich ähnlich. Die Gefühlsmenschen seufzen tief und klagen: »Wir dachten, dass wir hier Spaß haben würden«, während die Verstandesmenschen darüber witzeln, dass man Reisende nicht aufhalten soll. Dann machen sich beide Teams an die Arbeit und notieren ihre Punkte auf einem Whiteboard, wo sie später von allen Teilnehmern gesehen werden können.

Eines Tages setzte ich mal wieder eine Gruppe auf die Übung an. Betrachten Sie die Ergebnisliste der *Gefühlsmenschen*:

- gestresst sein
- mich schuldig fühlen
- dem Entlassungskandidaten versichern, wie sehr ich ihn als Menschen mag
- ihm versichern, wie schwer der Schritt mir selbst fällt

- ihn an seine großartigen Eigenschaften erinnern
- ihm sagen, dass der Grund nicht ist, dass er etwas falsch gemacht hat
- ihn an die gemeinsam verbrachte gute Zeit erinnern und ihm versichern, dass ich auch künftig für ihn da sein werde
- mich als Referenz anbieten

Achten Sie auf die Häufung von Gefühlswörtern – fast jeder Eintrag enthält einen gefühlsbehafteten Kommentar oder ein entsprechendes Wort. Ein Verstandesmensch scherzte: »Ich würde denken, dass ich befördert und nicht entlassen werden soll!«

Die *Verstandesmenschen* machten unterdessen folgende Vorschläge:

- einen Zeugen hinzubitten
- am Freitag entlassen
- eine schriftliche Vereinbarung aufsetzen, die beide Seiten unterschreiben
- dem Entlassungskandidaten genau erzählen, warum er entlassen wird
- Infomaterial überreichen
- objektiv und emotionslos sein

Als sie diese Liste hörte, hielt es eine Teilnehmerin vom Typ Gefühlsmensch (und noch dazu introvertiert) nicht mehr aus. Sie sprang auf und sagte entrüstet: »Was würden Sie sagen, wenn man Sie auf diese Weise entließe?!«

Größere Pause.

Ein Verstandesmensch (nebenbei bemerkt, auch eine Frau) sagte ruhig: »Das ist genau die Art, wie ich, wenn es denn sein muss, entlassen werden möchte.«

Die Verstandesmenschen sind keine Herde herzloser Fieslinge. Sie entlassen auf pragmatische, logische Weise … genau so, wie sie selbst behandelt werden wollen. Wenn Verstandesmenschen für Verstandesmenschen zuständig sind, fügt sich alles bestens. Gleiches gilt für Gefühlsmenschen. Häufig jedoch, wie Sie sich vorstellen können, geht diese Rechnung nicht auf. Allerorten sind Verstandesmenschen für Gefühlsmenschen und Gefühlsmenschen für Verstandesmenschen verantwortlich. Da ist so manches Missverständnis und so manche verfahrene Situation geradezu vorprogrammiert.

Zumindest, solange Führungskräfte nicht auf die zuvor erwähnte Platinregel zurückgreifen. Der Platinregel zufolge sollten wir andere nicht so behandeln, wie *wir* behandelt werden möchten, sondern wie der betreffende Mitarbeiter behandelt werden will. Ich empfehle das bewährte System, die Mitarbeiter zu fragen, was sie motiviert. Daran können Sie sich orientieren.

Der Haken ist, dass Sie, um Ihren Stil erfolgreich flexibilisieren zu können, über die doppelte Fähigkeit verfügen müssen: Details darüber in Erfahrung zu bringen, wie jemand behandelt werden möchte (sofern Sie ihn nicht direkt fragen können) und Ihr Verhalten an die Vorlieben des Betreffenden anzupassen. Das braucht Übung, ist aber machbar und ungemein lohnend!

Bleibt festzustellen, dass weder Verstandes- noch Gefühlsmenschen besser qualifiziert sind, um Mitarbeiter zu entlassen (oder einzustellen). Sie gehen nur unterschiedlich vor. Die erfolgreichsten Führungskräfte sind Verstandes- oder Gefühlsmenschen, die es verstehen, ihren Stil zu flexibilisieren. Wenn Sie jemanden entlassen, werden Sie ihm womöglich nie wieder begegnen. In anderen Berufssituationen wie beispielsweise der jährlichen Performancebesprechung werden sie auch weiterhin miteinander zu tun haben, und da ist die Flexibilisierung dann vermutlich noch wichtiger.

Ich liebe diese kleine Übung. Um die angestrebte Wirkung zu erzielen, müssen Sie sich an die Regeln halten. Widerstehen Sie der instinktmäßigen Versuchung des Täuschens, Lügens und Stehlens.

1. Nehmen Sie sich zehn Sekunden (+ / – eine) und lesen Sie den folgenden Satz:

   BEI DEN UMSATZSTARKEN UNTERNEHMEN WAR IN DIESEM JAHR EIN TREND HIN ZU EINER STÄRKEREN INVESTITIONSTÄTIGKEIT IM UMWELTBEREICH ZU ERKENNEN.

2. Decken Sie den Satz jetzt mit der Hand oder einem Stück Papier zu. Tun Sie, wie Ihnen geheißen, und niemand kommt zu Schaden.

3. Denken Sie jetzt an den Satz zurück und notieren Sie, wie häufig darin der Buchstabe »U« vorkommt.

4. Letzter Schritt: Betrachten Sie den Satz weitere zehn Sekunden lang und korrigieren Sie gegebenenfalls Ihr Ergebnis.

Die meisten Menschen bemerken beim ersten Lesen nicht gleich alle fünf »U«s. Dafür gibt es einen Grund – abgesehen von Unkonzentriertheit. Unsere Gehirne sind so geschaffen, dass sie Informationen nach ihrer vermeintlichen Wichtigkeit sortieren und filtern, und wir verfügen über bestimmte, zumeist unbewusste Kriterien, was »wichtig« ist. Die Anfangsbuchstaben von Substantiven und Adjektiven beispielsweise. Vermutlich fielen Ihnen sogleich die Wörter »umsatzstark« und »Unternehmen« ein. Kleine Verbindungswörter (»Präpositionen«? Wo ist ein Grammatiklehrer, wenn ich einen brauche?) sind zu vernachlässigen, und so nehmen wir »zu« kaum zur Kenntnis. Deshalb werden zwei der »U«s von den meisten Erstlesern übersehen.

Manche Menschen bringen einen gewissen Background oder Begabungen mit, die es ihnen erleichtern, diese Übung zu bestehen – beispielsweise Korrektoren oder die glücklichen Wenigen mit einem fotografischen Gedächtnis.

Als Veranstalter dieser Übung könnte ich Ihre Erfolgswahrscheinlichkeit deutlich erhöhen, indem ich Sie im Voraus informiere, warum Sie diesen Text lesen sollen, wie die Leistungskriterien aussehen und wonach sich Erfolg bemisst. Als hilfsbereiter Mensch hätte ich gesagt: »Die heutige Aufgabe besteht darin, einen einzigen Satz zu lesen.

→

Unsere Zeit ist beschränkt, und deshalb stehen dafür nur zehn Minuten zur Verfügung. Der Inhalt des Satzes ist jedoch unwichtig. Achten Sie lediglich darauf, wie häufig der Buchstabe ›U‹ in dem Textstück vorkommt. Berücksichtigen Sie dabei alle Wörter und nicht nur die Substantive und Adjektive, und bedenken Sie, dass ›U‹s auch in kleinen Wörtern vorkommen können.«

Indem Sie Ihre Mitarbeiter wissen lassen, worauf es bei der Informationsfilterung ankommt, helfen Sie, Frust zu vermeiden, und erhöhen die Erfolgswahrscheinlichkeit.

Noch eine Sache ...

Wenn Sie andere motivieren, sollten Sie nicht vergessen, positive Formulierungen zu wählen. Wir können nicht Dinge *nicht* tun; wir können nur Dinge *tun*. Forscher entdeckten beispielsweise, dass Kinder, denen gesagt wird: »Beschmiert nicht die Wände« in Wahrheit hören: »Beschmiert die Wände!« Denken Sie also daran: Immer positiv formulieren!

Flexibilisieren Sie Ihren Stil!

Erweitern Sie Ihren Fragestil um ergebnisorientierte Fragen. Damit helfen Sie anderen, ihre eigenen Herausforderungen zu meistern – mittels Widerstandskraft, Zuversicht und Unabhängigkeit.

■■ **PS: Es gibt immer noch einen anderen Weg.**

Intros und Extros

Intros träumen jeder für sich,
Extros feiern gemeinschaftlich.
Intros denken, bevor sie reden,
Extros äußern auch Unsinn jedweden.
Intros suchen die Tiefe, Extros die Breite.
Die Arbeit mit beiden hat ihre spaßige Seite.

- Unterschiedliche Eigenschaften introvertierter und extrovertierter Führungskräfte
- Nutzen Sie die Stärken beider für wechselseitigen Erfolg

Mir ist zu Ohren gekommen, dass Sie darüber plaudern wollen, wie unsere andere beliebte Persönlichkeitsdimension – Introversion / Extroversion – sich auf den Führungsstil auswirkt.

Voilà! Dieses Kapitel erscheint nun vor Ihren Augen. Bitte reichen Sie Ihre Zweit- und Drittwünsche schriftlich ein, in Dreifachausführung.

Beginnen wir mit der Feststellung, dass es keine Korrelation zwischen Verstandes-/Gefühlsmensch einerseits und extrovertiert / introvertiert andererseits gibt. Die verschiedenen Kombinationen (vier, um genau zu sein) dieser Dimensionen wirken sich jedoch mit Sicherheit auf unseren Führungsstil aus. Der introvertierte Gefühlsmensch beispielsweise wird die feinfühligste und introspektivste unter den möglichen Kombinationen sein. Ein extrovertierter Verstandesmensch wird mit seiner charakteristisch direkten Kommunikation am ehesten Gefahr laufen, anderen unbeabsichtigterweise auf den Fuß zu treten. Der extrovertierte Gefühlsmensch ist unser Kandidat für die Organisation von Geburtstagspizzaessen. Ein introvertierter Verstandesmensch ist jemand, den wir uns, nun ja, gut im IT-Bereich vorstellen können.

Die folgenden Tabellen, die dem Buch *Networking für Networking-Hasser* entnommen sind, werden Ihnen helfen, sich mit den charakteristischen Eigenschaften introvertierter und extrovertierter Menschen vertraut zu machen.[11]

Spickzettel!

Introvertierte	Extrovertierte
denken, bevor sie reden	reden, um zu denken
gehen in die Tiefe	gehen in die Breite
schöpfen Energie aus dem Alleinsein	tanken aus der Gesellschaft mit anderen Kraft
reflektieren	verbalisieren
sind konzentriert	sind expansiv
sind selbstgenügsam	sind gesellig
Networking-Präferenzen	
Zuhören	Reden
Ruhe	Aktivität
Dialog	in der Gruppe
Networking-Strategien	
Introvertierte	**Extrovertierte**
1. Recherchieren (PAUSE)	1. Diskutieren (PATTER)
2. Verarbeiten (PROGRESS)	2. Werben (PROMOTE)
3. Strukturieren (PACE)	3. Feiern (PARTY)

Der Augenblick der Wahrheit! Extrovertierte kontra introvertierte Führungskräfte

Gepaarte Binsenwahrheiten aus beiden Lagern:

Extrovertierte	Introvertierte
Je mehr, desto fröhlicher.	Weniger ist mehr.
Das Ganze ist größer als die Summe seiner Teile.	Gruppen wirken wie ein Bremsklotz.

Als ich Extrovertierte und Introvertierte nach den Höhen und Tiefen ihres Jobs als Führungskraft befragte, erhielt ich Antworten wie die folgenden.

Was Extrovertierten an ihrer Führungstätigkeit gefällt:

- »Ständig mit vielen Menschen zu tun zu haben.« *(extrovertierter Gefühlsmensch)*
- »Eine offene, immerwährende Kommunikation. Besser zu viel als zu wenig kommunizieren.« *(extrovertierter Gefühlsmensch)*
- »Mitarbeiter zu fördern und gemeinsam etwas auf die Beine zu stellen.« *(extrovertierter Verstandesmensch)*
- »Keine Angst zu haben, die eigenen Schwächen vor dem Team zu offenbaren.« *(extrovertierter Verstandesmensch)*

Was Introvertierten an ihrer Führungstätigkeit gefällt:

- »Regelmäßig das eigene Tun zu reflektieren.« *(introvertierter Gefühlsmensch)*
- »Mitarbeitern dabei zu helfen, erfolgreich zu sein.« *(introvertierter Gefühlsmensch)*
- »Direkt unterstellte Mitarbeiter mit einer unabhängigeren und eigenständigeren Arbeitsweise vertraut zu machen.« *(introvertierter Verstandesmensch)*

- »Menschen stets zuzuhören. Nach der Erläuterung der Ziele offene Fragen zu stellen.« *(introvertierter Verstandesmensch)*

Im Fall von Meinungsverschiedenheiten neigen Introvertierte dazu, ihre Wahrnehmungen, ohne sie auf ihren Realitätsgehalt hin zu überprüfen, zu verinnerlichen und länger als notwendig über Konflikte zu brüten. Extrovertierte tendieren eher dazu, ihren Widerspruch und ihre Kritik sofort verbal anderen gegenüber zu artikulieren, noch bevor sie ihre Gedanken innerlich zur Gänze verarbeitet haben.

Ganz gleich, ob Sie sich mit einem Konflikt auseinandersetzen oder lediglich die Aufgaben der Woche durchgehen, sollten Sie sich etwas Zeit reservieren, um sich mit Extrovertierten zu treffen. Diese werden es zu schätzen wissen, und Sie können die Zeit ohne Weiteres bei Ihren Begegnungen mit Introvertierten einsparen.

Beispiel — *Introvertierte unter sich*

Ich hielt eine Präsentation auf einer Konferenz von Forschern aus dem Bereich der statistischen Analyse. Ich ließ sie eine Selbsteinschätzung ihrer Persönlichkeit abgeben und stellte erstaunt fest, dass ich mich offensichtlich in einem Meer von siebzig Introvertierten befand. Kein einziger Extrovertierter unter ihnen!

Verfallen Sie nicht in überkommene stereotype Vorstellungen: Diese Gruppe war keineswegs ruhig; sie war geradezu aufgedreht. Das Wort Tohuwabohu kommt einem dabei in den Sinn.

Wir amüsierten uns köstlich.

Gegen Ende der Sitzung vertraute ich meinem Publikum an, dass es die erste Gruppe (mit mehr als vier oder fünf Teilnehmern) war, mit der ich gearbeitet hatte, und die sich ausschließlich aus bekennenden Introvertierten zusammensetzte. Meine Zuhörer ließen sich davon nicht beeindrucken. Wie einer meinte: »Wird irgendwer jemals öffentlich zugeben, dass er sich für extrovertiert hält?« Andere nickten eifrig mit den Köpfen in enthusiastischer introvertierter Zustimmung.

Die Kommunikation stellt natürlich eine wesentliche Komponente der Führungstätigkeit dar. Eine voreilige Annahme lautet, Extrovertierte seien per se bessere Kommunikatoren als Introvertierte. Das ist Humbug.

Introvertierte und extrovertierte Führungskräfte kommunizieren unterschiedlich – jedes Lager hat seine Stärken, seinen gängigen Stil und seine Herausforderungen. Wie bei Verstandes- und Gefühlsmenschen haben weder die Introvertierten noch die Extrovertierten die *Best Practice* des Führens gepachtet.

Die beste Lösung für Sie ist ein auf Sie persönlich zugeschnittener Ansatz.

Und welche Strategien verwenden Extrovertierte und Introvertierte, wenn sie ein neues Team übernehmen? Es folgen Bekenntnisse von Vertretern beider Seiten.

Extrovertierter: »Ich lerne die Menschen kennen, die mir anvertraut sind, und helfe ihnen, mich kennenzulernen.«

Introvertierter: »Ich zeige Ihnen, dass ich ihren Raum und ihre Privatsphäre respektiere, während ich ihnen zugleich klarmache, wie sie mich erreichen können.«

Und jetzt etwas konkreter ...

	Natürliche Stärken	Standardstil	Herausforderungen aus eigener Sicht
Introvertierte Führungskräfte	■ zuhören ■ unterschwellige Signale wahrnehmen ■ zu tieferen, anfangs verborgenen Problemen vordringen	■ Begegnung unter vier Augen ■ individueller Beitrag zu Gruppenprojekten ■ »Lassen Sie mich wissen, wenn Sie mich brauchen«	■ zu Gruppendiskussionen beitragen ■ an Besprechungen teilnehmen ■ Mitarbeiter entlassen ■ Unterbrechungen

	Natürliche Stärken	Standardstil	Herausforderungen aus eigener Sicht
Extrovertierte Führungskräfte	■ Einbeziehung ■ Ideen verbal hervorbringen ■ Gruppenevents organisieren	■ jeden beteiligen ■ Teamarbeit ■ viele Begegnungen	■ über längere Zeit allein an einem Projekt arbeiten ■ sich auf eine Sache oder eine Person konzentrieren ■ den Terminplan nicht überstrapazieren ■ keine Kumpanei mit direkt unterstellten Mitarbeitern

Und jetzt! Wahre Geständnisse von echten extrovertierten Führungskräften! Wenn das nicht *Ripley's Believe It or Not* [eine amerikanische Bücherreihe, die Kuriositäten und Geschichten aus aller Welt sammelt] noch toppt! *Extrovertierte Führungskräfte* sehen sich nach Eigenaussage Schwierigkeiten wie diesen gegenüber:

■ »Es passiert mir leicht, dass ich im Chaos versinke und die Dinge nicht mehr zu Ende denke. Das macht den Job für uns alle ziemlich unberechenbar.«
■ »Die Einsamkeit der alleinverantwortlichen Entscheidungsfindung.«
■ »Ich will immer noch einer von ihnen sein. Ich fühle mich ausgeschlossen.«

Es ist nur gerecht, hierauf die wahren Geständnisse von *Introvertierten* folgen zu lassen. Normalerweise ist es schwierig, Introvertierte zu bewegen, ihre innersten Gedanken zu offenbaren, solange wir mit ihnen nicht sehr gut bekannt sind. Aber irgendwie ist es mir gelungen:

- »Ich gebe zu, dass ich manchmal Mitarbeitern am Ende des Flurs eine E-Mail schreibe, nur um nicht persönlich mit ihnen sprechen zu müssen.«
- »Jedem, dem ich in der Halle begegne, ›Guten Morgen‹ sagen zu müssen, ist langweilig und ermüdend.«
- »Ich kann mich mit der Politik der offenen Türen nicht anfreunden. Wenn ich den ganzen Tag lang ständig unterbrochen werde, bringt mich das vollkommen aus dem Konzept.«

Wenn Sie jemanden vom »Management by Walking Around« schwärmen hören, können Sie Ihren letzten Dollar verwetten, dass es sich bei dem Betreffenden um einen Extrovertierten handelt (es sei denn, er meint einen Spaziergang im Freien – allein). Wenn Sie ein Introvertierter sind, lassen Sie am besten die Finger davon. Es würde bei Ihnen schlicht nicht funktionieren. Das heißt nicht, dass Sie ein Sonderling oder Eremit sein sollen. Sie dürfen gern den Mitarbeitern, denen Sie in der Halle begegnen, einen freundlichen und herzlichen Blick zuwerfen, ohne jedoch ein Drittel Ihrer Arbeitszeit mit Plaudereien zu verschwenden. Sie würden sonst schneller in sich zusammenfallen als ein Luftballon mit einem Loch darin. »Pop!« Wo sind Sie geblieben?

Wenn Sie ein Extrovertierter sind, sollten Sie ruhig Ihre Runden drehen. Mit dem Vorbehalt, dass Sie die Bedürfnisse der Introvertierten wahrnehmen und berücksichtigen, denen möglicherweise ein Lächeln oder eine winkende Hand genügt. Wenn Sie ein Introvertierter sind, brauchen Sie sich nicht den ganzen Tag hinter einer verschlossenen Tür zu verschanzen. Aber Sie dürfen sie von Zeit zu Zeit zumachen, wenn Sie sich besonders konzentrieren müssen. Das brauchen Sie, um Ihren Job korrekt zu erledigen.

Gehen, gehen, gehen. Das ist das Leben der Führungskraft. Um was zu tun? Das hängt davon ab, wer Sie sind. Bedenken Sie: Introvertierte schöpfen ihre Kraft aus sich selbst heraus, Extrovertierte aus dem Zusammensein mit anderen. Um beim Mittagessen aufzutanken, setzt sich der Extrovertierte zu Freunden, während der Introvertierte möglicherweise ein gutes Buch aufschlägt. Die Herausforderungen sind unterschiedlich. Während der gesellige Kontakt mit unterstellten Mitarbeitern nicht grundsätzlich verboten ist, kann eine Führungskraft solche Beziehungen nicht in derselben Weise behandeln wie Freundschaften außerhalb des Arbeitsplatzes. Das fällt extrovertierten Führungskräften besonders schwer. Für Introvertierte scheint sich dieses Problem nicht zu stellen – man sieht sie eigentlich nicht gemeinsam mit ihren Mitarbeitern Pizza essen. Von Zeit zu Zeit könnten Sie sich aber vielleicht doch dazugesellen. Es wird Sie nicht umbringen.

Wo wir schon dabei sind: Eine gesellige Runde von Zeit zu Zeit hebt die Moral der Truppe ungemein. Das kann eine externe Veranstaltung sein oder auch ein bunter Abend in den Betriebsräumen, zu dem jeder etwas beiträgt. Ich empfehle Ihnen, als Aufwärmer eine strukturierte Aktivität vorzubereiten. Manchmal reicht es, wenn Sie jeden bitten, etwas über seine außerberuflichen Erfolge des vergangenen Jahres zu erzählen, ein Lieblingsrezept vorzustellen oder eine ungeahnte Begabung zu demonstrieren. Im Gegensatz zum verbreiteten Irrglauben kommen Introvertierte mit strukturierten Veranstaltungen weit besser klar als mit unstrukturierten.

Übung	*Introvertierte und Extrovertierte bei der Arbeit*

Wenn Sie ein Team leiten (oder ihm angehören), ist die Wahrscheinlichkeit groß, dass Sie von diversen Introvertierten und Extrovertierten umgeben sind.

Envelopes ist eine Problemlösungstechnik, die zur Zusammenarbeit zwischen Introvertierten und Extrovertierten bei der Bewältigung von Herausforderungen am Arbeitsplatz anregt.

Fragen Sie Ihr Team ein paar Tage, bevor Sie sich versammeln, mit welchen Schwierigkeiten die Gruppe insgesamt gegenwärtig ihrer Einschätzung nach am meisten zu kämpfen hat. Lassen Sie Ihren Mitarbeitern ein paar Tage Zeit, um über ihre Ideen nachzudenken und sie Ihnen anschließend zu übermitteln. Das kann auch anonym erfolgen.

Lenken Sie die Aufmerksamkeit der Teilnehmer auf Themen, die in hinreichendem Maße unter ihrer Kontrolle stehen, also *nicht* auf Themen wie diese:

■ Veränderte Vorgaben vonseiten des Mutterunternehmens in Übersee
■ Unvorhersehbare Wettereinflüsse
■ Die unfähige Abteilung am anderen Ende der Halle
■ Reduzierte Ressourcen aufgrund finanzieller Verluste →

Geeignete Themen sind vielmehr von folgender Art:

- Kommunikationsprobleme
- Mangelnde Kooperation innerhalb der Abteilung
- Verwirrung hinsichtlich der Zuständigkeiten
- Divergierende Meinungen zur Zukunft des Teams
- Die Unfähigkeit, den Beitrag des Teams dem Mutterunternehmen quantitativ zu verdeutlichen

Beachten Sie, dass die erste Auflistung Punkte enthält, die von außen kontrolliert werden, während die Missstände der zweiten Auflistung von innen bestimmt werden. Letztere handelt von Mustern, Verhaltensweisen und Zuständigkeiten des Teams selber.

Rufen Sie alle Beteiligten für eine einstündige Sitzung zusammen. Richten Sie vier Tischgruppen ein und halten Sie sich an den Zeitrahmen – damit gewinnen Sie alle, auch die Extrovertierten. Bitten Sie zuerst einen Extrovertierten (vielleicht einen extrovertierten Gefühlsmenschen?), mit allen Beteiligten eine fünfminütige Teamaktivität zu leiten. Stellen Sie die zuvor übermittelten Themen vor und engen Sie die Auswahl mittels der Methode des *Multivoting* (siehe Kapitel 6) auf vier Themen ein.

Die Teilnehmer dürfen sich jetzt für einen dieser vier Betreffs entscheiden, wobei jede Tischgruppe ein Thema bekommt. Jeder Tisch verfügt über einen mit ihrem Thema beschrifteten Umschlag, in dem sich drei Karten befinden. Die Umschläge werden jetzt im Uhrzeigersinn weitergereicht, sodass jede Gruppe den Themenumschlag eines anderen Teams vor sich liegen hat. Die Teams nehmen jeweils eine Karte heraus und haben nun eine Minute Zeit, um mit der *Brainstorming*-Methode erste Ideen zum Thema zu notieren. Wenn die Minute um ist, wandern die Karten zurück in die Umschläge; dann werden die Umschläge weitergegeben und der ganze Vorgang wiederholt sich mit jeweils dem nächsten Sujet. Das geschieht insgesamt dreimal, bis die Umschläge am Ursprungsort ankommen, wobei jetzt auf allen drei Karten die Ideen der übrigen Gruppen stehen. Diese ganze Phase dauert weniger als fünf Minuten.

Anschließend beschäftigen sich die Gruppen 20 bis 30 Minuten lang ernsthaft mit Ihrem jeweiligen Thema. Sie können die auf die Schnelle vorgebrachten Ideen der übrigen Teams in Betracht ziehen, verwenden und / oder verwerfen, besteht doch deren primärer Zweck darin, die Diskussion in Gang zu bringen. Jetzt besprechen die Teams ihre Themen in größerer Tiefe und formulieren neue Empfehlungen für erste Schritte zur Lösung der Probleme.

→

Jedes Team hält eine dreiminütige Präsentation, in der es seine ersten Handlungsempfehlungen vorstellt. Alle Teilnehmer diskutieren daraufhin gemeinsam über die Ergebnisse, stellen Fragen, machen Vorschläge und beschließen die nächsten Schritte.

Envelopes ist eine effiziente, energiereiche Methode zur Meisterung gemeinsamer Herausforderungen. Ihr Ziel ist es, die Stärken von Introvertierten und Extrovertierten miteinander zu kombinieren und auf diese Weise eine effektive Zusammenarbeit zu ermöglichen.

Branchentricks

 Hier folgen zwei rasche, nützliche Techniken zur Führung von Introvertierten und Extrovertierten. Zuerst allerdings müssen wir ein paar Mythen aus der Welt schaffen.

Mythos 1: Introvertierte sind negativ eingestellt

So unzutreffend diese Vorstellung auch ist, so verständlich ist sie. Woher stammt sie? Weil Introvertierte denken, bevor sie sprechen, ist ihre erste Reaktion, wenn sie mit einer neuen Idee konfrontiert werden, häufig ein Nein. Dieser Eigenschaft verdanken sie die nicht beneidenswerte Etikette »negativ« und »verbohrt«. In Wahrheit schützen Sie nur ihren Anspruch, sich zuerst ihre Gedanken zu machen, bevor sie sich auf irgendetwas einlassen. Introvertierte benötigen Zeit, um neue Ideen zu verarbeiten.

Lösung

Glücklicherweise gibt es eine einfache Lösung bei solch einem Verhalten. Schreiben Sie Ihre Ideen auf. Legen Sie sie dem Introvertierten auf den Schreibtisch. Sagen Sie ihm, dass er einen Blick darauf werfen möge, und machen Sie, dass Sie fortkommen. Kehren Sie ein paar Stunden später lässigen Schrittes zurück, und Sie werden möglicherweise überrascht sein, einen ruhigen, lächelnden Introvertierten vorzufinden, der Ihnen ein paar Fragen zu Ihrem brillanten neuen Verfahren zur Unkostenerstattung stellt.

Mythos 2: Extrovertierte sind unzuverlässig

Auch diese Vorstellung ist, so wenig sie zutrifft, verständlich. Wo hat sie ihren Ursprung? Extrovertierte sprechen, um zu denken; sie sprechen, um sich der eigenen Position bewusst zu werden. Was geschieht? Ein Extrovertierter in Ihrem Team bekundet laut und deutlich seine Absicht, ein neues Projekt zu übernehmen und sich daran zu versuchen. Aber dann passiert nichts weiter. So unzuverlässig! Auf den Betreffenden ist ganz offensichtlich kein Verlass.

Nicht so schnell! In Wahrheit hatte unser Extrovertierte im Frühstadium der Besprechung lediglich laut über das Projekt nachgedacht und sich genau in dem Augenblick dafür begeistert. Er sprach laut aus, was in seinem Kopf gerade vor sich ging. Es war Ihr Fehler, dass Sie ihn beim Wort nahmen, ohne zu prüfen, wie ernst die Bemerkung gemeint war.

Lösung
Bevor Sie einem extrovertierten Mitarbeiter Unzuverlässigkeit vorwerfen, sollten Sie es lieber sich selbst zur Aufgabe machen, klar mit ihm zu kommunizieren. Akzeptieren Sie, dass er Ideen verarbeitet, indem er darüber spricht. Verständigen Sie sich mit ihm nach jeder Diskussion explizit über die nächsten Schritte.

Wenn jemand eine tief sitzende Abneigung dagegen hegt, andere zu führen, könnte er stattdessen darüber nachdenken, freiberuflich zu arbeiten, sich selbstständig zu machen oder in anderer Form einer Solotätigkeit nachzugehen (wir sprachen zudem in Kapitel 4 über den nachträglichen freiwilligen Verzicht auf den beruflichen Aufstieg). Diese Optionen sind jedoch für Introvertierte, die in der Atmosphäre des eigenständigen Arbeitens besonders gut gedeihen, weitaus attraktiver. Extrovertierte führen die Einsamkeit häufig als wichtigen Grund gegen die freiberufliche Tätigkeit an. Sie tun besser daran, in größeren Strukturen nach Alternativen zu suchen, um nicht auf das Gemeinschaftserlebnis verzichten zu müssen.

Flexibilisieren Sie Ihren Stil!

Schaffen Sie Zusammenhalt zwischen Introvertierten und Extrovertierten, indem Sie die Stärken beider zur Geltung bringen.

PS: Wenn andere es können, können Sie es auch.

Kapitel 10

Charisma und Sie

»Ein freundliches Wort
kann drei Wintermonate
wärmen.«
Japanisches Sprichwort

Ich bin nicht glatt, ich bin nicht cool,
bin nicht modern, bin so old school.
Ich bin nicht hip, ich bin nicht hop,
das Haar krautrüben wie ein Mopp.
Streb dringend zu was andrem hin,
… sei's drum, ich bin der, der ich bin.

Es soll ja Menschen mit »Chefausstrahlung« geben. Vielleicht können Sie sich etwas darunter vorstellen. Ich selbst habe keine Idee. Vielleicht ist damit ein hochgewachsener, würdevoll dreinblickender Herr gemeint, der einen ganzen Raum in seinen Bann schlägt und das Gespräch lenkt wie ein riesiges Schlachtschiff. Von Menschen dieser Art, mit denen ich so gut wie keine einzige Eigenschaft teile, wird häufig gesagt, sie hätten eine »magnetische« Persönlichkeit. Das könnte natürlich Schwierigkeiten an den Sicherheitskontrollen der Flughäfen mit sich bringen, aber glücklicherweise habe ich dieses Problem nicht.

Fühlen Sie sich manchmal wie ein umgekehrter, abstoßender Magnet? Wie jemand, vor dem die Menschen mühelos zurückweichen? Als ob sich das Rote Meer vor Ihnen teilen würde! Reine Magie.

Gute Neuigkeiten! Das lässt sich alles umkehren, auf dass Sie künftig aus den Gebäudefundamenten die Stahlträger herausziehen. Echtes Charisma hat nichts mit physischer Statur (Puh!), Geschlecht, Alter, Sozioökonomie oder was auch sonst zu tun. Sondern vielmehr mit … Erlauben Sie mir, es ihnen anhand einiger Beispiele aus dem echten Leben zu demonstrieren.

Wir wollen in dieses Kapitel starten, indem wir uns mit drei Herren aus unterschiedlichen Berufen bekannt machen; ich hatte die Ehre, Ihnen persönlich zu begegnen.

Beispiel A

Ich lebte in einer Nachbarschaft, in der jeder seinen Müll zu einer zentralen Müllsammelstelle bringen musste. Ein Mann namens Mark war für die Müllpresse und den Recyclingbetrieb zuständig. Sein Team bestand aus den seit Jahren immer gleichen vier Mitarbeitern. Mark selbst bediente die Müllpresse, wann immer sie offen war. Was muss so jemand für eine Arbeitseinstellung haben, der bei Wind und Wetter draußen steht und sich um den Müll anderer Leute kümmert. Da wäre es nur zu verständlich, wenn er griesgrämig herumstünde und jeden Anwohner, der seinen Müll bringt, mit einem Grummeln begrüßte und von dannen schickte.

Mark hingegen leuchtete von innen heraus. Er grüßte seine Kunden überhaupt nicht abweisend. Vielmehr empfing er jeden von uns mit einer guten Laune, die uns heiter stimmte und glücklicher weggehen ließ, als wir gekommen waren … Nicht, weil wir ein Viersternerestaurant besucht, sondern weil wir mal eben unseren Müll weggebracht hatten! Mark scherzte mit uns, als wir in unseren warmen Autos herangefahren kamen, und sagte zum Abschied, dass er sich darauf freue, uns bald wiederzusehen.

Hier ist jemand, der allen Anlass hätte, sich zu beklagen – ein undankbarer Job im Freien und eine lausige Bezahlung. Aber sein Umgang mit anderen Menschen brachte ihm viele positive Beziehungen ein. Seine Mitarbeiter blieben Jahr um Jahr. Seine positive Lebenseinstellung übertrug sich auf den gesamten Ort. Mark unterhielt ein spezielles Verhältnis zu den Anwohnern und erhielt das ganze Jahr über Geschenke und gute Wünsche. Er beschrieb seine Mitarbeiter als freundlich und sympathisch – einen Spiegel seiner selbst.

So begrüßte mich Mark eines Morgens im späten Herbst auf seine charakteristische Weise: »Was für ein schöner Tag! Da muss schon etwas völlig falsch sein mit jemandem, der an einem Tag wie diesem nicht fröhlich ist«, und beförderte den nächsten Müllsack auf das Förderband der Müllpresse.

Beispiel B

In einer ganz anderen Branche finden wir Antonio, den Besitzer und Alleininhaber einer kleinen Agentur für Küchendesign. Antonio arbeitet Tag und Nacht und ist stolz darauf, dass er die Erwartungen seiner Kunden mehr als erfüllt. Er beschwert sich nicht, wenn er gebeten wird, seine Pläne immer wieder zu überarbeiten, bis noch der letzte Kundenspleen berücksichtigt ist, und markiert vor seiner Belegschaft auch niemals den Chef. Er führt ein buntes Team von zwei Dutzend Mitarbeitern, von Designern bis Installateuren. Wie Mark verdankt auch Antonio seinen Erfolg der Überzeugung, dass Arbeit nicht gleich Arbeit ist. Antonio ist dafür bekannt, dass er regelmäßig mit Begeisterung ausruft: »Das macht echt Freude! So möchte man seinen Lebensunterhalt verdienen!«

Antonio ist nicht der CEO eines Fortune-500-Unternehmens oder unermesslich reich. Er sitzt an einem abgenutzten Schreibtisch in einem Ausstellungsraum. Sein Bildschirmarbeitsplatz unterscheidet sich nicht von dem seiner Verkäufer, und so wird die gelegentliche Verwechslung durch einen Kunden auch großzügig verziehen.

Antonio kann sein Glück gar nicht fassen. Er verwandelt unverbindliche Anfragen in umfangreiche Projekte, besucht täglich Baustellen und hilft seinen Fahrern bei der Beladung der Fahrzeuge. Er ist überzeugt, dass er seinen Kunden hilft, ihre Träume wahr zu machen. Antonio sagt von sich, dass er seinen Lebensunterhalt in einer Art und Weise verdient, die ihm gestattet, den ganzen Tag lang zu »spielen«.

Beispiel C

Ezekiel ist selbstständiger Schuhputzer. Wir können ihn also mit Recht als Unternehmer bezeichnen. Ezekiels Job besteht darin, vor seinen Kunden niederzuknien und auf ihren Schuhen so lange herumzuschrubben, bis Schuhwichse, verschlissenes Poliertuch und eine Prise Magie sie erstrahlen lassen. Ezekiels Reich ist ein kleiner Schuhputzstand vor einer Reihe edler Geschäfte in Washington, D.C. Nachdem Ezekiel seinen Stand nun schon seit über 20 Jahren betreibt, verfügt er über einen ihm treu ergebenen Kundenstamm.

Eines heißen Sommernachmittags plauderte Ezekiel gut gelaunt mit dem gegenwärtigen Empfänger seiner Polierdienste, als ein Geschäftsmann, der darauf wartete, an die Reihe zu kommen, ihn in die Rippen knuffte und aufforderte, sich zu beeilen.

»Hey, Zeke! Hör auf zu reden und mach dich wieder an die Arbeit!«

Ohne eine Sekunde innezuhalten oder sein gewinnendes Lächeln abzusetzen, erwiderte Ezekiel: »Arbeit?! Sobald es sich wie Arbeit anfühlt, höre ich auf!«

Seien Sie positiv!

Denken Sie an jemanden, *der von innen heraus zu leuchten scheint*. In seiner optimistischen Art versteht er es, Herausforderungen stets von der leichteren, helleren Seite zu betrachten.

Ich wähle: _____

Weil: _____

Verhaltensweisen, die ich beobachte: _____

Eigenschaften, die ich bewundere: _____

Denken Sie jetzt an jemanden, *der Negativität ausstrahlt*. Er ist mies gelaunt und sieht immer nur das Schlimmste.

Ich wähle: _____

Weil: _____

Verhaltensweisen, die ich beobachte: _____

Eigenschaften, die ich bemerke: _____

Vielleicht haben Sie bemerkt, dass Ersterer stets das Beste aus Menschen herausholt. Er ist freundlich und positiv, und andere reagieren entsprechend. Letzterer scheint den Konflikt geradezu anzuziehen, er erzeugt ihn regelrecht.

Entscheiden Sie sich bewusst dafür, Eigenschaften anzunehmen, wie Menschen sie zeigen, die Sie bewundern.

In Wahrheit ist Ezekiel höchst effizient. Er konzentriert sich auf die Schuhe vor ihm als die wichtigste Sache der Welt. Es macht ihm Spaß, seine Arbeit gut zu machen, mit der Folge, dass er ein echter Kundenmagnet ist.

Der sehnsüchtige Blick zum scheinbaren Magnetismus und dem vermeintlichen Glück anderer führt in die Sackgasse. Schneller gelangen Sie ins Reich der Glückseligkeit, indem Sie Freude an Ihrer Arbeit (und am Leben) finden. So entwickeln Sie Ihre eigene Ausstrahlung, die authentisch und nachhaltig ist.

Und von hier bietet sich eine natürliche Überleitung zum Thema … Lottogewinne an. Ich weiß, dass Sie dasselbe dachten.

Lottogewinne und dergleichen

Kann man mit Geld Glück erkaufen? Die reife Antwort lautet nein. Aber die irrwitzige Zahl von regelmäßig verkauften Lotteriescheinen schreit ein schallendes Ja! in die Welt.

Und doch zeigen Erhebungen unter Lottogewinnern, dass diese ein Jahr nach dem plötzlichen Geldsegen wieder ihr vorheriges Glücksniveau erreicht haben und ungefähr so zufrieden durchs Leben stapfen wie vor dem Millionengewinn.

Im Jahr 1978, als die Beliebtheit des Lottospielens deutlich zunahm, nahm der Sozialpsychologe Philip Brickman von der Northwestern University Lottogewinner genauer unter die Lupe. Seine Arbeit enthüllte, dass Lottogewinner nach eigener Aussage sogar weniger Freude an alltäglichen Verrichtungen hatten als Menschen, die nicht im Lotto gewonnen hatten.

Glück ist relativ und nur von Veränderungen abhängig, die noch nicht lange zurückliegen. Ausführlichere Studien brachten Brickman zu der Erkenntnis, dass wir uns an die Lebensumstände, ob gut oder schlecht, anpassen. Nach einem überraschenden Geldsegen nimmt die Zufriedenheit allmählich wieder ab und macht der Gleichgültigkeit und neuer Sehnsucht Platz. Durch die dauerhafte Gewöhnung an ein bequemeres Leben geraten wir wieder in denselben Trott und müssen immer höhere Belohnungsniveaus erreichen, nur um dasselbe subjektive Glücksgefühl wieder zu empfinden.[12]

Das klingt in den Ohren von uns arbeitender Normalbevölkerung seltsam, doch finden wir diese Binsenweisheit in endlosen Interviews mit strahlenden Berühmtheiten bestätigt – Geld und andere externe Belohnungen scheinen allein nicht glücklich zu machen.

Dasselbe gilt für die Beförderung in leitende Positionen. Ich verstehe, dass Ihr Gehalt nicht mithalten kann mit so manchem Lottogewinn; aber das Prinzip ist dennoch gleich. Von Weitem betrachtet scheint derjenige, der die nächste Führungsebene erklimmt, das große Erfolgslos gezogen zu haben. Und Erfolg bringt Erfüllung mit sich. Und gleich hinter der Erfüllung folgt die mystische Welt des Glücks. Richtig?

Nicht so schnell.

»Jeder Erdenbürger strebt nach Glück – und es gibt nur eine sichere Methode, es zu finden. Und zwar durch die Kontrolle der eigenen Gedanken. Glück hängt nicht von äußeren Bedingungen ab. Maßgeblich ist ausschließlich unsere innere Verfassung.«
DALE CARNEGIE, »Wie man Freunde gewinnt – Die Kunst, beliebt und einflussreich zu werden«

Tun Sie sich einen Gefallen und hören Sie auf Mr. Carnegie. Alle tun es. Er ist schließlich die erste Adresse für alle, die Freunde gewinnen wollen.

Eine weitere Studie enthüllte, dass Kulturen, in denen Geld und Materialismus eine große Rolle spielen, im Durchschnitt unzufriedener sind mit dem Leben. Ähnliches gilt für einzelne Menschen – ein verstärkter Materialismus korreliert mit weniger Glücksgefühl.[13]

Externe Faktoren wie Gelderwerb oder Beförderung bringen uns innerlich nicht nachhaltig zum Leuchten. Unsere Wahrnehmung, wer wir sind und was wir zu bieten haben, ist die Wurzel unseres Charismas.

Was ist das Verführerische am Charisma? Was erhoffen wir uns davon? Bewundert und respektiert zu werden? Wenn ja, dann führen viele Pfade zum Gipfel des Berges. Alle setzen voraus, dass andere Ihre authentische Leidenschaft zu spüren bekommen.

J. J. Frazer ist Gründer und CEO von New Horizon Security Services, des am schnellsten wachsenden US-amerikanischen Unternehmens des Jahres 2011 für uniformiertes Sicherheitspersonal. Frazers Leidenschaft ist die Bescheidenheit, die er sehr konkret in sein Geschäftsmodell übersetzt. Jeder seiner mehr als 5000 Mitarbeiter muss jeden Tag eine gute Tat vollbringen. Das ist Vorschrift. Er beschäftigt nach Möglichkeit nur freundliche und bescheidene Menschen.

Frazer ist kreativ, leidenschaftlich und prinzipienfest. Das ist eine höchst attraktive Form von Charisma, und seine stetig wachsende und engagierte Belegschaft scheint dies zu bestätigen.

Flexibilisieren Sie Ihren Stil!

Um wahrhaft zu strahlen, sollten Sie sich auf das konzentrieren, was gut läuft, nicht auf das, was schlecht läuft.

PS: Wir sind selbst verantwortlich für unsere Gedanken und somit für unsere Ergebnisse.

Kapitel 11

Bonustrack: Dieser Verstärker geht bis 11!*

»Wenn wir die Menschen nur nehmen, wie sie sind,
so machen wir sie schlechter; wenn wir sie behandeln,
als wären sie, was sie sein sollten, so bringen wir sie dahin,
wohin sie zu bringen sind.«

JOHANN WOLFGANG VON GOETHE

---

* »This Amp Goes to Eleven!«, aus dem Film *This Is Spinal Tap* (1984) … Verlieren
Sie keine weitere Minute; schauen Sie ihn sich noch heute an! [*This Is Spinal Tap*
ist eine Pseudo-Dokumentation / eine Musiksatire über die fiktive Heavy-Metal-
Band *Spinal Tap*.]

Gedankenmanagement

Mittlerweile haben wir das Wesen der Führungstätigkeit aus diversen Blickwinkeln untersucht. In diesem Bonuskapitel wollen wir das Thema von einem weiteren – dem vermutlich schwierigsten – Blickwinkel aus betrachten: *wie wir unserer Führungsaufgabe in Bezug auf unsere eigenen Gedanken gerecht werden.*

Der Erwerb neuer Fähigkeiten und Techniken, wie beispielsweise der in diesem Buch vorgestellten, erfordert die eine oder andere Verhaltensänderung. Es ist kein einfaches Unterfangen, alte Gewohnheiten niederzureißen und helle, strahlende neue an ihre Stelle zu setzen. Diese olympische Kraftanstrengung gipfelt in dem Umstand, dass die zähesten Verhaltensweisen für das bloße Auge unsichtbar sind ... es sind unsere Denkgewohnheiten.

Was uns definiert, sind unsere Überzeugungen, die sich in unserem Verhalten niederschlagen. Wie wir in Kapitel 4 gesehen haben:

Die einzigen Bereiche, für die wir unmittelbar zuständig sind, sind unsere Gedanken, unsere Worte und unsere Handlungen.

Wenn ich überzeugt bin (Gedanken), dass ich als Führungskraft wenig Nützliches beisteuere, wird mein Verhalten (Worte und Handlungen) diese Überzeugung stützen. Interaktionen sind die Konkretisierung unserer Gedanken.

Wie wir unsere Führungsaufgabe wahrnehmen, spiegelt sich in unseren Gedanken wider.

Indem wir unsere Gedanken zur Führungsaufgabe verändern, verändern wir auch die Art, wie wir dieser Aufgabe gerecht werden.

Stellen Sie sich vor, Sie beschließen, fortan so zu tun, als wären unsere Mitarbeiter – besonders diejenigen, die uns das Leben nicht einfach machen – unsere Lehrer. Stellen Sie sich vor, Sie gelangen tatsächlich zu dieser Überzeugung. Sie wollen keine Lektion verpassen, die es hier für Sie zu lernen gibt. Ihre Erwartungshaltung ändert sich dahingehend, dass Sie von nun an nicht mehr erwarten, dass Ihre Mitarbeiter sich nach Ihren Wünschen und Launen richten. Wie würde sich das anfühlen? Bedenken Sie:

- Niemand wird sich verändern, bevor auch Sie es nicht tun.
- Das Verhalten Ihrer Mitarbeiter spiegelt Ihre eigenen Gedanken wider.

Mit dieser Veränderung Ihres Blickwinkels tun Sie etwas für sich selbst; das heißt nicht, dass Ihre Mitarbeiter Ihnen künftig auf der Nase herumtanzen werden.

Übung	*Gedankenmanagement*

Indem Sie Ihre Gedanken verändern, beeinflussen Sie Ihr Handeln. Wenn Sie in Gefahr sind, anderen Menschen und äußeren Umständen die Schuld an Ihren Stimmungen, Einstellungen und Verhaltensweisen zu geben, sollten Sie die folgende Übung machen.

Sind Sie sich nicht sicher, ob Sie gemeint sind? Dann schauen Sie, ob Ihnen eine der folgenden Formulierungen bekannt vorkommt:

- »Es ist seine Schuld, dass ich ...«
- »Ich habe aufgegeben, nachdem sie ...«
- »Hätte ich ein besseres Team, könnte ich ...«
- »Hätte es hier nicht all diese Veränderungen gegeben, hätte ich ...«
- »Sobald wir ein neues Management haben, werde ich ...«
- »Wenn ich nur genug Zeit hätte, könnte ich ...«

Führen Sie jetzt eine Eigenbewertung Ihrer Denkgewohnheiten durch.

Wählen Sie einen Dreistundenblock während eines Arbeitstages aus, den Sie vermutlich mit normalen Aktivitäten verbringen werden. Das können Mittagessen, Pausen, Besprechungen oder jede andere

→

Form von Alltagsbeschäftigung sein. Notieren Sie während dieser Zeit in halbstündigen Abständen Ihre Gedanken in der folgenden Tabelle. Es wird Ihnen nicht gelingen, alle Gedanken einzufangen, die Ihnen durch den Kopf gehen; nutzen Sie einfach diese Gelegenheit, um sich Ihre vorherrschenden Gedankenmuster stärker zu Bewusstsein zu bringen.

Füllen Sie die ersten beiden Spalten während der drei Stunden Ihrer Innenschau aus. Die dritte Spalte bewahren Sie sich für später auf.

Zeit	Was denke ich?	Sind meine Gedanken primär nach innen (auf mich) oder nach außen (auf andere) gerichtet?	Handelt es sich primär um positive oder negative Gedanken?
13:00 bis 13:30 Uhr			
13:30 bis 14:00 Uhr			
14:00 bis 14:30 Uhr			
14:30 bis 15:00 Uhr			

15:00 bis 15:30 Uhr			
15:30 bis 16:00 Uhr			

Füllen Sie am Ende des Dreistundenblocks auch die dritte Spalte
aus, und fragen Sie sich, ob Ihre Gedanken in den einzelnen Zeilen
ihrem Wesen nach positiv oder negativ waren. Vervollständigen Sie
anschließend die folgenden Sätze:

Meine Gedanken drehten sich vorrangig um: _____

_____

_____

Meine Energie richtet sich am häufigsten:
( ) nach innen   ( ) nach außen

Am meisten überraschte mich: _____

_____

_____

Ich möchte meine Denkgewohnheiten stärker hinlenken zu: _____

_____

_____

Ich möchte meine Denkgewohnheiten weglenken von: _____

_____

_____

Dinge, an denen ich arbeiten will: _____

_____

_____

Verallgemeinern, Ausblenden, Verzerren

Die neurolinguistische Programmierung (NLP) ist eine kognitive Wissenschaft, die davon handelt, wie sich Beziehung und Kommunikation mittels des verstärkten Einsatzes der beiden primären Kommunikationsweisen zwischen Menschen – der neurologischen (kinästhetischen) und der linguistischen (sprachlichen) – verbessern lassen. Das ist ziemlich kompliziert. Aber gemach. Ich werde es auf verdauliche Häppchen herunterbrechen. Ich habe kleine Dosen NLP im ganzen Buch verstreut, vergleichbar einem Kochbuchrezept, das ahnungslosen Fleischliebhabern Gemüsezutaten unterschmuggelt. Es ist gut für Sie, selbst wenn Sie nicht mitbekommen, was sich hinter den Kulissen abspielt.

Wo wir nun so weit gekommen sind, will ich meine Karten offenlegen. Dieser Abschnitt hat eine starke NLP-Komponente.

Verallgemeinerungen

Von einer Verallgemeinerung sprechen wir, wenn wir von Einzelerfahrungen auf eine ganze Kategorie von Situationen schließen.

Verallgemeinerungen sind gelegentlich eine hilfreiche Orientierungsstütze. Hier sind ein paar Beispiele von *nützlichen Verallgemeinerungen*:

- Lesen Sie ein Memo immer noch einmal durch, bevor Sie es in den Verteiler geben.
- Seien Sie vorsichtig, wenn Sie eine Straße überqueren.
- Überlegen Sie genau, bevor Sie auf den Senden-Button klicken.

Unkontrollierte Verallgemeinerungen können jedoch die Effektivität vermindern:

- Geben Sie in Verhandlungen niemals nach; das wäre ein sicheres Zeichen von Schwäche.
- Vertrauen Sie niemandem.
- Nur Verstandesmenschen sind in der Lage, harte Geschäftsentscheidungen zu treffen.

- Gefühlsmenschen wissen stets am besten, wie man ein Team zusammenhält.

Verallgemeinerungen sind gefährlich, weil vergangene Ereignisse unser Erleben der Gegenwart und unsere Erwartungen für die Zukunft unkontrolliert beeinflussen.

Modelle sind hilfreich, sofern ihre Nützlichkeit sorgfältig überprüft und nachgewiesen wurde. Im Extremfall aber können Verallgemeinerungen zu einer flachen Interpretation der Welt führen, wenn wir beispielsweise zu dem Schluss kommen: »Niemand wertschätzt mich hier«, oder: »Keiner beachtet meine Ideen.«

Denken Sie daran: Verallgemeinerungen sind niemals wahr … außer dieser hier.

Bestimmte Signalwörter deuten auf Verallgemeinerungen hin:

jeder	unmöglich	sollte nicht	immer	niemals
niemand	muss	sollte	kann nicht	nicht
nichts	keiner	jedes Mal	wenn … dann	ursächlich
was auch immer	weder … noch	alles	wann auch immer	_____ (ergänzen Sie)

Achten Sie auf Signalwörter in Ihrem Kopf und in Gesprächen. Besonders in Auseinandersetzungen sind sie häufig zu finden:

- Du hörst mir *niemals* zu!
- *Jedes Mal*, wenn ich etwas sage, unterbrichst du mich!
- Du musst *immer* das letzte Wort haben.
- *Was auch immer* ich sage, du achtest nicht darauf.
- *Wann immer* wir irgendwo hingehen, bekommst du schlechte Laune.
- Das machst du *ständig*.
- Sie achtet *nie* auf mich.
- *Immer* kriegt er die Lorbeeren für das, was ich mache.
- Man *sollte* seine Kollegen grüßen, wenn man ihnen bei der Arbeit begegnet.

Wunderbar.

Die Häufigkeit, mit der viele von uns von Verallgemeinerungen Gebrauch machen, ist geradezu erschreckend. Falls es Sie interessiert: Verallgemeinerungen werden auch als Allquantoren bezeichnet. Und wenn Ihr Interesse geweckt ist, könnten Sie überlegen, ob NLP nicht eine schöne Hobbybeschäftigung für Sie wäre ...

Ausblenden

Die selektive Wahrnehmung bestimmter Aspekte einer Erfahrung unter Vernachlässigung anderer bezeichnen wir als Ausblendung. Wie Verallgemeinerungen dient das Ausblenden im richtigen Kontext einem guten Zweck. Denken Sie an das letzte Mal zurück, als Sie in einem Raum waren, in dem diverse Gespräche einander überlagerten – vielleicht in einem Sitzungssaal vor Beginn der Veranstaltung, bei einer geselligen Zusammenkunft oder in der Unternehmenskantine. Ihre Fähigkeit, fremde Geräusche herauszufiltern und sich ausschließlich auf Ihr unmittelbares Gespräch zu konzentrieren, kommt Ihnen in solchen Situation sehr zugute. Mit der Kunst des Ausblendens sind wir in der Lage, die von unseren Sinnen gelieferten Informationen in verdauliche, relevante Häppchen zu unterteilen.

Die Schattenseite dieser Medaille, ist, dass ein allzu aktiver Filter uns daran hindert, wichtige Informationen aufzuschnappen, wie beispielsweise Lösungen für Probleme, originelle Strategien oder das mustergültige Verhalten eines ansonsten schwierigen Mitarbeiters.

Verstandesmenschen neigen in diesem Zusammenhang beispielsweise dazu, während einer Performancebesprechung oder einer Verhandlung ausgesandte unterschwellige nonverbale Signale zu übersehen. Gefühlsmenschen hingegen lassen sich leicht in Situationen aus dem Konzept bringen, in denen ihnen von der anderen Seite starke Emotionen wie Ratlosigkeit oder Wut entgegenschlagen, mit der Folge, dass sie wichtige verbale Signale überhören.

Ein Bewusstsein für die eigene Neigung, in problematischen Situationen bestimmte Dinge auszublenden, kann helfen, die negativen Auswirkungen zu reduzieren.

Verzerrungen

Ein Beispiel für Verzerrung ist die Visualisierung eines Ereignisses vor seinem tatsächlichen Eintreten. Athleten nennen häufig die Visualisierung vor einem wichtigen Rennen oder Wettbewerb als wichtigen Erfolgsfaktor. Angehörige von Heilberufen sprechen von messbaren Gesundheitsverbesserungen, sobald traditionelle Wellness-Methoden mit geführter Imagination kombiniert werden.

Verzerrungen erzeugen Verschiebungen in der Wahrnehmung sensorischer Informationen. Künstler, Wissenschaftler und Romanautoren nutzen die Technik der Verzerrung zur Entwicklung neuer Konzepte und origineller Theorien. Viele Fortschritte und so manches Kunstwerk haben ihren Ursprung in der Verzerrung der akzeptierten Wirklichkeit.

Wie Verallgemeinerung und Ausblendung hat aber auch die unkontrollierte Verzerrung ihre Schattenseite. Verzerrungen können Innovationen hervorbringen; sie können aber auch den Reichtum des eigenen Erlebens begrenzen. Verzerrungen können die Wahrnehmung neuartiger Erfahrungen blockieren.

Viele Missverständnisse resultieren aus Realitätsverzerrungen. Mein Vorgesetzter geht möglicherweise an meinem Büro vorbei und nickt nur einmal kurz. Diese Geste kann ich verzerrt wahrnehmen, indem ich sie so verstehe, dass mein Vorgesetzter mit dem Bericht, den ich ihm am Abend zuvor überreichte, unzufrieden ist und nun an einer Umgestaltung der Abteilung arbeitet, die ohne meine Stelle auskommt. Dabei war er in Wahrheit vielleicht mit den Gedanken nur bei seiner nächsten Besprechung, in der er einen neuen Klienten überzeugen muss, mehrere Tausend Produkteinheiten zu kaufen. Vielleicht ist mein Bericht wesentlicher Baustein seines Erfolgs und er klemmte unter seinem Arm, als er an meinem Büro vorbeieilte.

Verzerrungen können uns daran hindern, das Positive an Ereignissen zu sehen, weil falsche Überzeugungen auf unsere Stimmung drücken.

Kleine Taten, große Wirkung

Auf einer Geschäftsreise unterhielt ich mich kürzlich mit einer Stewardess von Southwest Airlines namens Tara. Sie arbeitete noch nicht lange für das Unternehmen, beabsichtigte aber, dort »ihr Leben lang« zu bleiben. Sie sprach mit bemerkenswerter Begeisterung über Southwest. Diese Form der sofortigen Treue ist selten unter den Beschäftigten von Großunternehmen.

Tara berichtete mir in überschwänglichen Worten, wie sehr sich die Unternehmensleitung für das Flugbegleitpersonal interessiert. Zur Illustration führte sie ein Beispiel an: Nach jedem Flug ist die Crew verantwortlich dafür, das Flugzeug zu säubern und für die nächsten Passagiere vorzubereiten. Von allen Flugbegleitern – mit Ausnahme der Piloten, die ihre eigenen Vorbereitungen zu treffen haben – wird erwartet, dass sie sich daran beteiligen.

Vor Kurzem saß auch ein Vizepräsident von Southwest in geschäftlicher Mission in Taras Maschine. Nach der Landung wartete er, bis alle anderen Passagiere ausgestiegen waren, stand auf und half der regulären Crew bei der Säuberung der Kabine. Sein Einsatz – der rund zehn Minuten in Anspruch nahm – lebt nicht nur im Gedächtnis der anwesenden Crewmitglieder fort, sondern auch bei all jenen, denen die Geschichte mittlerweile zu Ohren gekommen ist.

Glauben Sie, dass es sich bei dem Vizepräsidenten um einen Verstandes- oder einen Gefühlsmenschen handelte? Wie lautet Ihre intuitive Reaktion?

Die Wahrscheinlichkeit ist groß, dass Sie, falls Sie selbst ein Verstandesmensch sind, auf einen Verstandesmenschen und wenn Sie selbst ein Gefühlsmensch sind, auf einen Gefühlsmenschen tippen. Der Grund ist, dass der Persönlichkeitstyp die Gründe hinter einem Verhalten ebenso erklärt wie das Verhalten selbst. Dasselbe Verhalten kann unterschiedliche Motive haben.

Sowohl Verstandes- als auch Gefühlsmenschen bewerten das Verhalten dieses Vizepräsidenten positiv und halten ihn deshalb für einen der Ihren ... aus unterschiedlichen Gründen. Seine Handlungen sind praktisch und effizient: Falls er ein Verstandesmensch ist, hilft er vermutlich mit, weil sich hier eine Möglichkeit bietet, rasch und einfach Vertrauen zu schaffen, und weil es gewissermaßen naheliegt. Handelt es sich um einen Gefühlsmenschen, tut er es als freundliche Geste, die ihm selbst ein gutes Gefühl vermittelt, ihm die Möglichkeit bietet, mit den Flugbegleitern auf menschliche Tuchfühlung zu gehen und zu zeigen, dass er sich auf seine Position nichts einbildet.

Diese kleine Episode verkörpert so viel von dem, was wir auf diesen Seiten besprochen haben. Echte Wirkung erzielen Sie auch ohne Chefallüren. Führungskräfte stehen ständig unter Beobachtung. Ein nachhaltiger positiver Eindruck setzt viel mehr voraus als das, was wir typischerweise als Charisma bezeichnen.

Kleine Gesten seitens des Managements haben in ihrer Summe massive positive Auswirkungen auf das Gesamtgeschäft. Im Jahr 2010 bewarben sich 140 000 Menschen um 140 Jobs bei Southwest. Für die mathematisch nicht ganz so Bewanderten sei vermerkt, dass folglich mickrige 0,1 Prozent aller Bewerber einen Job angeboten bekamen. Die Fluktuation ist in der Branche nirgends geringer, die Kundenzufriedenheit nirgends höher.

Und wie treffen die Interviewer von Southwest ihre Einstellungsentscheidungen? Sie sind angewiesen, Kandidaten danach auszuwählen, ob sie die richtige »Kundenservicementalität« an den Tag legen. Southwest misst den menschlichen Fähigkeiten in den Einstellungsgesprächen mehr Bedeutung bei als den technischen. Southwest ist überzeugt, dass die Mitarbeiter die technischen Details dann immer noch erlernen können.

Mit Ausnahme, so hoffe ich, der Piloten. Wer mag, kann ja mal nachfragen.

Southwest ist überzeugt, dass zufriedene Menschen aufopferungsbereite und warmherzige Mitarbeiter abgeben, die sich füreinander und für die Kunden ins Zeug legen. Dieser Ansatz ist eine Mischung aus V und G. Auf der praktischen Verstandesebene weiß Southwest, dass Mitarbeiter, deren Unternehmen ihnen zeigt, wie sehr es sie schätzt, indem es sie beispielsweise über Tarif bezahlt, sich ihrerseits nach Kräften für das Unternehmen engagieren. Und Southwest spart Millionen aufgrund der geringen Fluktuation. Und für die Gefühlsmenschen? Die Beschäftigten werden ermuntert, einander »Briefe« zu schreiben und sich für die geleistete gute Arbeit zu loben. Für jeden etwas. Die Beschäftigten bekommen so das Gefühl, wichtig zu sein und wertgeschätzt zu werden.

Wie können Sie Ihrem Team V- und G-Anreize bieten?

Aufmerksamkeit zahlt sich aus

Von 1927 bis 1932 wurde in Cicero, Illinois, in den Hawthorne-Werken von Western Electric eine Reihe von Experimenten durchgeführt. Die Hawthorne-Studie war dazu gedacht, die Wirkung von Faktoren wie Licht und Feuchtigkeit auf die Produktivität der Arbeiter zu untersuchen.

Die Forscher kamen dabei zu einem Ergebnis, das sie selbst überraschte: Die Produktivität verbesserte sich unabhängig von der experimentellen Manipulation externer Faktoren. Die Effektivität nahm allein durch den psychologischen Stimulus des Beobachtetwerdens zu. Die Folgerungen waren total aufregend! Okay, ich lasse mich schnell begeistern.

Ein wichtiges Resultat dieser Studie – die doch eigentlich nur die faktischen Bedingungen am Arbeitsplatz untersuchen sollte – lautete, dass soziale Gruppeneinflüsse und zwischenmenschliche Faktoren sogar bei reinen Effizienzuntersuchungen wie beispielsweise Zeit- und Bewegungsstudien berücksichtigt werden müssen. In den folgenden Jahrzehnten lieferte der Hawthorne-Effekt die Grundlage für unzählige Theorien und Praktiken im Personalwesen.

Einige Schlussfolgerungen aus der Hawthorne-Studie:

- Die Qualität der Beziehungen zwischen Führungskräften und Beschäftigten hat Einfluss darauf, wie effektiv die Beschäftigten die ihnen übertragenen Tätigkeiten ausführen.
- Individuelles Geschick ist ein unvollkommener Bestimmungsfaktor für die Jobleistung.
- Selbst bei gegebenen körperlichen und mentalen Voraussetzungen hängt die Produktion stark von sozialen Faktoren ab.
- Informelle Netzwerke und Normen, wie beispielsweise faire Leistungsvorgaben, beeinflussen die Produktivität.
- Der Arbeitsplatz ist ein soziales System, zwischen dessen Komponenten diverse Abhängigkeiten bestehen.
- Allein, dass Beschäftigte beobachtet werden, bewirkt, dass sie sich anders verhalten.

Es ist nicht möglich, Menschen oder Systeme zu beobachten, ohne sie damit zu verändern; eine Erkenntnis, die unserer Vorstellung von der objektiven Messung zuwiderläuft.

Es geht noch weiter. Was die Hawthorne-Leute aufdeckten, deckt sich mit ähnlichen Resultaten der Quantenphysiker.

Laut Quantentheorie besteht eine Beziehung zwischen Gedanken und Erleben. Die objektive äußere Wirklichkeit gibt es nicht; das physikalische Universum existiert nicht unabhängig von den Gedanken des Beobachters. Wie Physiker entdeckten, hat kein Gegenstand – und natürlich auch kein Mensch – wohldefinierte Grenzen. Nicht nur haben die Atome keine klaren Grenzen, sie sind noch nicht einmal als Teilchen präsent, solange wir sie nicht beobachten. Physiker haben bewiesen – genauer gesagt: aufgedeckt –, dass Atome sich in Wellenform über den Raum verteilen, bis wir sie beobachten. Ist ein Atom folglich ein Teilchen oder eine Welle? Versuche führten zu einer unerwarteten Entdeckung: Je nachdem.

Diese völlig überraschende Erkenntnis warf die wissenschaftliche Welt in unbekanntes Terrain. Unbeobachtete Atome verhalten sich wie Wellen; beobachtete Atome zeigen Muster von Teilchen.

Eine Welle ist fließend und deutet eine Möglichkeit an; sie lässt sich nicht an einem einzigen Punkt in Raum und Zeit messen. Ein Teilchen reduziert diese unendliche Möglichkeit in eine messbare, beobachtbare Realität. Ein Beobachter transformiert die Welle mittels des Aktes der Beobachtung in ein einzelnes Teilchen.

Dieses mittlerweile allgemein anerkannte Prinzip lässt sich nun mit dem Hawthorne-Effekt in Beziehung setzen. Die Hawthorne-Studie zeigte – auf einem völlig anderen Gebiet –, dass schon allein Aufmerksamkeit, die wir Menschen (oder Atomen) schenken, deren Verhalten verändert.

Schlussfolgerung

Welchen Bezug haben all diese aufregenden Resultate zu Ihnen als Führungskraft? Sie brauchen nicht unfehlbar zu sein, um eine sehr gute Führungskraft abzugeben. Sie brauchen nicht zu brillieren. Und Sie benötigen auch keine übernatürlichen Kräfte, um mit messerscharfer Treffsicherheit Verstandes- von Gefühlsmenschen unterscheiden zu können.

Positive Ergebnisse erzielen Sie schon damit, dass Sie sich auf der elementarsten Ebene anstrengen. Schenken Sie Ihren unmittelbaren Mitarbeitern mehr Aufmerksamkeit. Damit erhöhen Sie nicht nur deren Produktivität, sondern Sie demonstrieren auch, wie sehr Ihnen an deren Erfolg gelegen ist. Das Sahnehäubchen wäre dann, wenn Sie noch die eine oder andere Technik aus diesem Buch zur Anwendung bringen. Das lässt genug Raum für Fehler.

Flexibilisieren Sie Ihren Stil!

Kontrollieren Sie Ihre Gedanken, schenken Sie den Menschen um sich herum Beachtung; nutzen Sie die Chance, mit kleinen Gesten große Wirkung zu erzielen … und beginnen Sie mit der Entdeckung der Freuden des Daseins als Führungskraft.

■■■ **PS: Das System mit der meisten Flexibilität übt den größten Einfluss aus.**

Sind Sie immer noch hier?

»Wenn die Arbeit getan
und das Werk vollbracht ist,
werden die Leute sagen:
›Wir haben es selbst getan.‹«
Laozi

Und so, liebe Leser, sind wir nun bis hierhergekommen.

Fühlt sich nach Abschied an. Mir kommen schon die Tränen wie am letzten Tag im Urlaubsdomizil. Was beweist, dass auch die Beigabe einer gesunden Dosis V am Wesen eines G nicht viel ändert.

Ich bin geschafft. Sie können jetzt gern übernehmen. Ich werde so gut wie jede Managementhypothese unterstützen, die Sie mir zu so später Stunde unterbreiten.

Und wo wir schon dabei sind: Lassen Sie uns darüber sprechen, was passiert, wenn Sie loslassen. Meiner Erfahrung nach gehört der Verzicht auf die Kontrolle zu den schrecklichsten Dingen für eine Führungskraft, mag sie auch noch so sehr über die Arbeitsbelastung klagen.

In einer meiner Lieblingsteamübungen zum Problemelösen kommt der Koosh-Ball [ein Spielzeug-Ball, der aus Gummifäden besteht] zur Anwendung – eine grandiose Erfindung, wenn Sie mich fragen (niemand hat mich bislang gefragt, und so fühlt es sich gut an, dass ich meine Meinung einmal kundtun kann). Ohne in die Details zu gehen, sage ich Ihnen, dass das Team die Aufgabe hat herauszufinden, wie der Koosh-Ball so schnell wie irgend möglich durch die Hände sämtlicher Teilnehmer wandern kann.

Die meisten Teams, mit denen ich arbeite, erreichen irgendwann das erklärte Ziel. Ich betrachte weniger als eine Sekunde als das menschlich Mögliche für ein Team von acht bis 20 Leuten. Einverstanden?

Ich werde Ihnen nicht das ganze Drum und Dran verraten, weil Sie, wenn Sie plötzlich in einem meiner Programme auftauchen, versucht sein könnten, die große Show abzuziehen.

Der Punkt (genauer gesagt, einer von mehreren) ist, dass Teams die Aufgabe nur dann so schnell wie menschlich möglich lösen können, wenn sie die Kontrolle über den Koosh-Ball abgeben. Anstatt den Ball von Hand zu Hand weiterzureichen, muss das Team eine Möglichkeit finden, wie der Ball von allein beziehungsweise mit der Kraft der Gravitation rollen kann. Die Nichteinmischung (Kapitel 1) wird zur Metapher für den Wert des Kontrollverzichts. Ihre Mitarbeiter kommen damit in der Regel ganz gut klar, besonders, wenn sie wissen, dass Sie da sind, wenn Sie gebraucht werden.

Ab einem bestimmten Punkt müssen Sie sich schlicht raushalten.

Instinkte! Oder: Was, wenn ich es verpatze?

Sprechen wir über Ihren Bauch. Würde es Sie umbringen, ein paar Sit-ups zu machen? War nur ein Scherz. Sie sehen blendend aus. Was mich in Wirklichkeit interessiert, ist Ihr innerer Bauch. (Vergessen Sie jenes »innere Kind«; das schafft nur Chaos.) Gute Beziehungen zu Ihrem inneren Bauch können Wunder wirken für Ihren Führungsstil, Ihre Entscheidungsfindungsfähigkeiten und Ihr Selbstvertrauen.

Heutzutage wird zu wenig auf das gehört, was der Bauch sagt.

Die Technik durchdringt unser Leben. Sie hilft uns, Optionen gegeneinander abzuwägen, versorgt uns mit Unmengen Daten für »logische« Entscheidungen und kann so gut wie alles. Und doch …

Unser Bauch ist Lowtech. Wir dürfen ihn beim Starten und Landen angeschaltet lassen. Das Bauchgefühl ist ein subtiler Botschafter, um zu vernehmen, was unsere Intuition uns sagen will, müssen wir vorübergehend den chaotischen Lärm unseres hektischen Lebens hinter uns lassen. Viele Menschen sind viel zu abgelenkt, ungeduldig oder unorganisiert, um sich dafür Zeit zu nehmen.

Das ist ein Fehler.

Unser Bauch – nennen Sie es Intuition, sechster Sinn oder Instinkt – ist eine Goldgrube kluger Entscheidungen und Handlungen. Warum missachten oder unterdrücken so viele Führungskräfte ihren Bauch?

Sie fragen mich? Keine Idee. Auf eine kostenlose, treffsichere und stets verfügbare Ressource einfach so zu verzichten, erscheint absurd. Fragen Sie herum und lassen Sie mich wissen, was Sie herausgefunden haben. Ich stelle es mir lustig vor, Löcher in der Argumentation zu finden, warum das Ignorieren der Intuition eine gesunde Führungspraxis sein soll.

In meinem Buch (in diesem, um genau zu sein) ist die Geringschätzung der Instinkte das sichere Rezept des Scheiterns. Sie müssen die stärkste Version Ihrer selbst sein, um an den Plateaus vorbei den ersehnten Führungsgipfel zu erklimmen. Und die Karte, auf der die Wege zu jenen Höhen verzeichnet sind, liegt tief in Ihrem Inneren vergraben. Ich liebe das folgende Zitat eines entschieden unsentimentalen, sehr V-mäßig veranlagten pensionierten Kapitäns der US Navy:

 »Je mehr Sie sich und Ihren Instinkten vertrauen, umso eine bessere Führungskraft werden Sie sein.«

Bislang war ich sehr klar in meiner Aussage. Aber hier ist eine Einschränkung. Überprüfen Sie Ihre Instinkte anhand der Fakten und hören Sie auf das, was andere beizutragen haben. Ich hatte einmal das Vergnügen, mit einem Manager zu arbeiten, der seine Intuition über alles in der Welt stellte. Keine einzige Information wurde überprüft; er tat, was ihm richtig dünkte, selbst wenn seine direkt unterstellten Mitarbeiter überzeugende Beispiele anführen konnten, warum ein anderer Weg besser wäre, und alle externen Daten dies bestätigten. Ohne Not brachte er seine Karriere zu einem jähen Ende.

Und jetzt will ich Ihnen eine peinliche wahre Geschichte verraten, von der ich gar nicht glauben kann, dass ich sie tatsächlich in Druck gebe. Das waren wohl zu viele kurze Nächte in letzter Zeit. Nur als sehr treuer Leser haben Sie das Recht, diese Geschichte zu lesen. Wenn Sie es nicht schon getan haben, dürfen Sie jetzt zuerst einmal alles lesen, was ich jemals geschrieben habe. Aber rasch; ich habe nicht den ganzen Tag Zeit. Wenn Sie nur wahllos im Buch herumgeblättert haben und zufällig auf diese Geschichte gestoßen sind, gilt das nicht. Sie müssen sich schon von vorn bis hierhin durchgelesen haben, wenn ich mich vor Ihnen in dieser Weise entblößen soll.

Also dann! Jetzt, nachdem Sie Ihr Interesse und Ihre Unterstützung so deutlich unter Beweis gestellt haben, dürfen Sie weiterlesen.

Diese Episode ereignete sich am US Space and Rocket Center in Huntsville, Alabama. Das USSRC ist das älteste Besucherzentrum der NASA. Seit seiner Eröffnung im Jahr 1970 haben mehr als 12 Millionen Menschen das ausgedehnte Gelände mit unzähligen Raketen, einem eindrucksvollen Museum und einem vielseitigen didaktischen Zentrum besucht. Ich war Ausbildungsleiterin in einem Teambildungsprogramm und genoss meine Zeit dort. Die folgende Übung absolvierte ich als reguläre Teilnehmerin.

Das Risiko im Fall eines Misserfolgs war ungeheuerlich. Stellen Sie sich das vor: Falls wir unseren im Raum verloren gegangenen Mitastronauten nicht binnen 30 Minuten fänden, wäre er auf Nimmerwiedersehen verloren. Wir erhielten jedoch keinerlei Informationen, wo sich dieser Astronaut möglicherweise aufhielt. Das muss ich diesen Kursleitern lassen: Sie hatten die Gabe, alles ungemein drängend und real erscheinen zu lassen.

Mein Komplize und ich schauten uns verzweifelt an. Spontan begannen wir, Seite an Seite so schnell zu laufen, wie uns die Beine nur trugen. Nach einem ordentlichen Sprint holten uns die Kursleiter schnaufend und keuchend ein.

»Halt! Halt! Wohin des Weges?«, fragten sie. Mein Teamkollege und ich schauten einander betroffen an. Wir hatten keine Idee, wohin wir strebten.

Bis zu diesem wunderbaren Augenblick hätte ich möglicherweise bestritten, dass mein Handlungsimpuls so viel stärker ist als mein in der Business School antrainierter Strategiebildungsimperativ. Plötzlich wurde mir bewusst, wie leicht es ist, »einfach loszulegen«, ohne auch nur einen Sekundenbruchteil lang darüber nachzudenken.

Diese aufschlussreiche Erfahrung zementierte für mich den Wert des Sprechens vor dem Handeln. Und doch …! Hätte ich lediglich einen Vortrag über den Wert der strategischen Planung im Vergleich zum rein reaktiven Führungsstil besucht, hätte mich das kaum gefesselt. Wie langweilig! Wie offenkundig! Als ich aber am eigenen Leib erfuhr, wie ich mit der größten Selbstverständlichkeit total ineffektiv auf eine Herausforderung wie diese reagierte, konnte ich darüber nicht mehr hinwegsehen. Ich sah mich gezwungen, mich mit einem offensichtlich unbefriedigenden Aspekt meines Führungsstils auseinanderzusetzen. Indem ich mir bewusst werde, wie sehr ich zum rein reaktiven Handeln neige, kann ich versuchen, diese Eigenschaft entsprechend den Situationen zu beeinflussen. Manchmal hilft die rasche Reaktion; manchmal aber ist Feintuning angesagt.

Dasselbe gilt für Verstandes- und Gefühlsreaktionen. Manchmal begegnen wir Widrigkeiten am besten auf pragmatische, ruhige und unbeteiligte Art und Weise. Manchmal empfiehlt es sich auch, Gefühle zuzulassen. Und in noch anderen Situationen ist eine Mischung aus beidem gefragt.

Sie haben das Sagen. Also ergreifen Sie die Zügel und legen Sie Ihren eigenen großen Auftritt hin. Nur so kann es gehen.

Hier ist ein Witz, den ich vor Jahren hörte und der bei mir hängen blieb:

Zwei Bauarbeiter sitzen auf einem Stahlträger hoch in der Luft und packen ihr Frühstück aus. Öffnet der eine seine Frühstücksdose und sagt: »Schon wieder Thunfisch! Ich hasse Thunfisch.« Sagt sein Kumpel: »Warum sagst du deiner Frau nicht, dass sie dir was anderes einpacken soll?« Worauf der erste grummelt: »Ich mache mir mein Frühstück selbst.«

Sind Sie wie er? Bereiten Sie sich ein Führungsfrühstück, das Ihnen schmeckt. Warum unnötig leiden?

Von mir für Sie: Ein Geschenk zum Abschied

Obwohl die Wiedergabe von Abschnitten dieses Buches der Rücksprache mit dem Verlag bedarf (siehe die ersten Seiten), erlaube ich Ihnen, alle auf diesen Seiten beschriebenen Übungen frei zu nutzen und an Ihre Bedürfnisse anzupassen. Der Kuchen da draußen ist unendlich; greifen Sie sich Ihr Lieblingsstück heraus.

Ich schreibe mit dem Ziel, Ihnen zu helfen, Ihr Arbeitsleben, Ihre Beziehungen, Ihre Produktivität und Ihre Zufriedenheit als Führungskraft zu verbessern. Genießen Sie es!

Erzählen Sie mir Ihre Geschichten.

Eine letzte Aufgabe, bevor sich unsere Wege trennen:

Seien Sie fabelhaft.

Oh, halt! Das sind Sie bereits. Vergewissern Sie sich dessen!

Auf ein baldiges Wiedersehen ... Zeit, Feierabend zu machen.

Anhang

Anmerkungen

1 Norton Juster: *The Phantom Tollbooth*. Random House, New York, 1961, S. 213 (dt.: *Milos ganz und gar unmögliche Reise*. Lizenzausgabe für die Büchergilde Gutenberg, Frankfurt a. M. / Wien / Zürich, 2006, S. 162)

2 Isabel Briggs Myers; Mary H. McCaulley; Naomi L. Quenk; Allen L. Hammer: *MBTI Manual. A Guide to the Development and Use of the Myers-Briggs Type Indicator*. 3. Aufl., Consulting Psychologists Press, Mountain View (CA), 2003

3 Anne Lamott: *Bird by Bird. Some Instructions on Writing and Life*. Anchor Books, New York, 1995, S. 18 (dt.: *Bird by Bird – Wort für Wort. Anleitungen zum Schreiben und Leben als Schriftsteller*. Autorenhaus-Verlag, Berlin, 2004, S. 43)

4 Viktor E. Frankl: *Man's Search for Meaning*. Perseus, New York, 2000 (dt.: *... trotzdem Ja zum Leben sagen. Ein Psychologe erlebt das Konzentrationslager*. Neuausgabe, Kösel, München, 2009)

5 Pauline Rose Clance: *The Impostor Phenomenon. Overcoming the Fear that Haunts Your Success*. Peachtree Publishers, Atlanta, 1985 (dt.: *Erfolgreiche Versager. Das Hochstapler-Phänomen*. Heyne, München, 1988)

6 Norton Juster: *The Phantom Tollbooth*. Random House, New York, 1961, S. 165–170 (dt.: *Milos ganz und gar unmögliche Reise*. Lizenzausgabe für die Büchergilde Gutenberg, Frankfurt a. M. / Wien / Zürich, 2006, S. 123–127)

7 Rahel Schwartz: *Working Conditions and Secondary Traumatic Stress*. Yeshiva University, New York, 2008

8 *Entrepreneur*, Februar 2007, S. 84

9 Carl Gustav Jung: *Memories, Dreams, Reflections*. Random House, New York, 1961 (dt.: *Erinnerungen, Träume, Gedanken*. Aufgezeichnet und herausgegeben von Aniela Jaffé. 17. Aufl., Patmos, Ostfildern, 2011)

10 Devora Zack: *Networking for People Who Hate Networking*. Berrett-Koehler, San Francisco, 2010, S. 77 (dt.: *Networking für Networking-Hasser*. 3. Aufl., GABAL, Offenbach, 2013, S. 91)

11 Ebenda, S. 36 / 22 (S. 48 / 32)

12 Zitiert nach: Gregory Berns: *Satisfaction. The Science of Finding True Fulfillment.* Henry Holt and Company, New York, 2005 (dt.: *Satisfaction. Warum nur Neues uns glücklich macht.* Campus, Frankfurt a. M., 2006)

13 Ebenda

Lektüretipps

»Klassiker: ein Buch, das die Menschen loben, aber nicht lesen.«
MARK TWAIN

Adams, Marilee: *Change Your Questions, Change Your Life. 10 Powerful Tools for Life and Work.* Berrett-Koehler, San Francisco, 2009

Bandler, Richard; Grinder, John: *Reframing. Neuro-Linguistic Programming and the Transformation of Meaning.* Real People Press, Salt Lake City, 1982 (dt.: *Neurolinguistisches Programmieren und die Transformation von Bedeutung.* 9. Aufl., Junfermann, Paderborn, 2010)

Biech, Elaine (Hrsg.): *Trainer's Warehouse Book of Games. Fun and Energizing Ways to Enhance Learning.* Pfeiffer, San Francisco, 2008

Blumenthal, Noah: *Be the Hero. Three Powerful Ways to Overcome Challenges in Work and Life.* Berrett-Koehler, San Francisco, 2009

Cameron, Julia: *The Artist's Way Every Day. A Year of Creative Living.* Penguin, New York, 2009

Covey, Stephen R.; Merrill, A. Roger; Merrill, Rebecca R.: *First Things First. Coping with the Ever-Increasing Demands of the Workplace.* Simon & Schuster, New York, 1994 (dt.: *Der Weg zum Wesentlichen. Der Klassiker des Zeitmanagements.* 6. Aufl., Campus, Frankfurt a. M., 2007)

Csíkszentmihályi, Mihály: *Flow. The Psychology of Optimal Experience.* Harper Perennial, New York, 2008 (dt.: *Flow. Das Geheimnis des Glücks.* 15. Aufl., Klett-Cotta, Stuttgart, 2010)

Doty, Elizabeth: *The Compromise Trap. How to Thrive at Work without Selling Your Soul.* Berrett-Koehler, San Francisco, 2009

Drucker, Peter: *Managing the Nonprofit Organization.* Harper, New York, 1990

Fischer, R.; Shapiro, D.: *Beyond Reason. Using Emotions as You Negotiate.* Penguin, New York, 2005 (dt.: *Erfolgreich verhandeln. Mit Gefühl und Verstand.* Campus, Frankfurt a. M., 2007)

Fischer, R.; Ury, W.: *Getting to Yes. Negotiating Agreement without Giving In.* Penguin, New York, 1983 (dt.: *Das Havard-Konzept.* 23. Aufl., Campus, Frankfurt a. M., 2009)

Gladwell, Malcolm: *Blink. The Power of Thinking without Thinking.*

Little, Brown, New York, 2005 (dt.: *Blink! Die Macht des Moments.* 8. Aufl., Piper, München, 2007)

Goleman, Daniel: *Destructive Emotions.* Bantam Dell, New York, 2003 (dt.: *Dialog mit dem Dalai Lama. Wie wir destruktive Emotionen überwinden können.* Hanser, München, 2003)

Hare, Robert: *Without Conscience. The Disturbing World of the Psychopaths among Us.* The Guilford Press, New York, 1999 (dt.: *Gewissenlos. Die Psychopathen unter uns.* Springer, Wien, 2005)

Howard, Pierce: *The Owner's Manual for the Brain. Everyday Applications from Mind-Brain Research.* Bard Press, Austin (TX), 1994

Kador, John: *Effective Apology. Mending Fences, Building Bridges, and Restoring Trust.* Berrett-Koehler, San Francisco, 2009

Kahnweiler, Jennifer: *The Introverted Leader. Building on Your Quiet Strength.* Berrett-Koehler, San Francisco, 2009

Katie, Byron: *Loving What Is. Four Questions that Can Change Your Life.* Three Rivers Press, New York, 2002 (dt.: *Lieben was ist. Wie vier Fragen Ihr Leben verändern können.* 15. Aufl., Goldmann, München, 2002)

Kaye, Beverly; Jordan-Evans, Sharon: *Love 'Em or Lose 'Em. Getting Good People to Stay.* 4. Aufl., Berrett-Koehler, San Francisco, 2008 (dt.: *Spitzenkräfte sind selten! Oder warum es sich lohnt, sich das Engagement seiner Mitarbeiter zu sichern.* Verlag Moderne Industrie, Landsberg, 2000)

Knight, Sue: *NLP at Work. The Essence of Excellence.* Nicholas Brealey Publishing, London, 1995

Kroeger, Otto; Thuesen, Janet: *Type Talk at Work. How the 16 Personality Types Determine Your Success on the Job.* Dell, New York, 1993

LeDoux, Joseph: *The Emotional Brain. The Mysterious Underpinnings of Emotional Life.* Touchstone, New York, 1996 (dt.: *Das Netz der Gefühle. Wie Emotionen entstehen.* 6. Aufl., dtv, München, 2012)

O'Connor, Joseph; Seymour, John: *Introducing NLP. Psychological Skills for Understanding and Influencing People.* HarperCollins, London, 1995 (dt.: *Neurolinguistisches Programmieren. Gelungene Kommunikation und persönliche Entfaltung.* 20. Aufl., VAK, Kirchzarten / Freiburg, 2010)

Perkins, Dennis N. T.: *Leading at the Edge. Leadership Lessons from the Extraordinary Saga of Shackleton's Antarctic Expedition.* Amacom, New York, 2000

Pink, Daniel: *A Whole New Mind. Moving from the Information Age to the Conceptual Age.* Penguin, New York, 2005 (dt.: *Unsere kreative Zukunft. Warum und wie wir unser Rechtshirnpotenzial entwickeln müssen.* Riemann, München, 2008)

Rosenbluth, Hal: *The Customer Comes Second.* William Morrow, New York, 1992

Rosenstein, Bruce: *Living in More than One World. How Peter Drucker's Wisdom Can Inspire and Transform Your Life.* Berrett-Koehler, San Francisco, 2009

Russo, J. Edward; Schoemaker, P. J. H.: *Winning Decisions. Getting It Right the First Time.* Random House, New York, 2002

Senge, Peter: *The Fifth Discipline. The Art and Practice of the Learning Organisation*, Doubleday, New York, 2006 (dt.: *Die fünfte Disziplin. Kunst und Praxis der lernenden Organisation.* 11. Aufl., Schäffer-Poeschel, Stuttgart, 2011)

Society for Neuroscience: *Brain Facts. A Primer on the Brain and Nervous System.* Society for Neuroscience, Toronto, 2006

Stout, Martha: *The Sociopath Next Door.* Three Rivers Press, New York, 2006 (dt.: *Der Soziopath von nebenan. Die Skrupellosen: ihre Lügen, Taktiken und Tricks.* Springer, Wien, 2006)

Ventrice, Cindy: *Make Their Day! Employee Recognition that Works.* 2. Aufl., Berrett-Koehler, San Francisco, 2009

Wheatley, Margaret: *Leadership and the New Science. Discovering Order in a Chaotic World.* Berrett-Koehler, San Francisco, 2006 (dt.: *Quantensprung der Führungskunst. Die neuen Denkmodelle der Naturwissenschaften revolutionieren die Management-Praxis.* Rowohlt, Reinbek, 1997)

Zack, Devora: *Networking for People Who Hate Networking.* Berrett-Koehler, San Francisco, 2010 (dt.: *Networking für Networking-Hasser. Sie können auch allein essen und erfolgreich sein.* 3. Aufl., GABAL, Offenbach, 2013)

Danksagungen

*»Das tiefste Prinzip in der menschlichen Natur
ist das Bedürfnis nach Anerkennung.«*
WILLIAM JAMES

Ein gigantisches DANKESCHÖN! an ...

Neal (meinen exzeptionellen Herausgeber) und Jeevan (meinen illustren Illustrator) für das unbezahlbare Rohmaterial für dieses Buch, das ihr mir durch eure täglichen Interaktionen geliefert habt, indem ihr mich aus meinen Panikattacken rettetet und mich immerfort unterstütztet. Danke, Neal, für deine Unterstützung, deine friedliche Art und deine Geduld. Und Jeevan, ich bin so froh, dass du, neben allem anderen, so gut Elefanten zeichnen kannst.

Meinem Writers Salon und der BK-Community von Freunden und Unterstützern. Arielle, Bonnie, Catherine, Courtney, Cynthia, David, Diane, Dianne, Ginger, Johanna, Katie, Kathy, Kristen, Kylah, Maria Jesus, Marina, Michael, Rick, Zoe und Steve für ihre exzeptionelle Unterstützung. Meine erstklassigen Korrektoren und Editoren Katherine Armstrong, Christopher Morris, Josh O'Conner und Todd Manza. Zuletzt und zuerst James Killian, der mir beibrachte, dass nur Brownies und Braten fertig sind; alles andere ist vollendet.

Meinem unermüdlichen, generösen, beharrlichen und ungemein treuen Flugdienst. Ihr seid beschäftigter als alle anderen und schafft es doch, immer da zu sein.

Ich wäre nicht die, die ich bin, ohne meine drei süßen und zarten Hooligans. Danke, dass ihr mich beim Schreiben immer so anfeuert und unterstützt. Ihr seid Superstars.

Dank an meine Klienten, die mir so großzügig ihre Zeit und ihre Geschichten gaben. Sie versorgten mich mit Studien und persönlichen Erfahrungsberichten, und es findet sich im Buch verstreut so manches anonyme Zitat von ihnen wieder.

Ich will hier einen Punkt setzen, bevor ich noch beginne, meinen eigenen mageren Beitrag zu diesem Projekt infrage zu stellen.

Über die Autorin

*»Ich habe den ganzen Vormittag über an den Fahnen eines
meiner Gedichte gesessen und ein Komma herausgenommen.
Am Nachmittag habe ich es dann wieder eingefügt.«*
OSCAR WILDE

Falls Sie es sich noch nicht zusammenge-
reimt haben: Ich bin Devora. Ich mag meinen Namen, denn er bedeutet »freundliche
Worte sprechen«, etwas, das ich anstrebe
inmitten meiner Angewohnheit, jeden auf
die Schippe zu nehmen, dem ich begegne.
Ich bin ein bisschen chaotisch im echten
Leben, auch wenn ich als Autorin und Be-
raterin eine solide Fassade aufrechterhalte.
(Wenn Sie mir nicht glauben, erkundigen
Sie sich doch bei Berrett-Koehler nach Jeevan und fragen Sie ihn. Er hat nichts Besseres zu tun; zögern Sie nicht, ihn anzuru-
fen.) Ich bin auch ziemlich tollpatschig.

Solange ich nicht schreibe, verbringe ich meine Zeit am liebsten
damit, mich über Abgabefristen zu beklagen, meine Söhne daran zu
erinnern, dass sie dazu da sind, mir zu Diensten zu sein, Freunde und
Familienangehörige zwangszuernähren, gelegentlich Stepp zu tanzen,
meine Überschussenergie im Fitnessstudio zu lassen, Unruhe zu stiften
oder Humorvolles jeder Art zu lesen.

Ich bin seit mehr als 15 Jahren Gastdozentin an der Graduate School
of Business an der Cornell University, wo ich MBA-Studenten aus aller
Welt in Management und Networking unterrichte.

An meiner Bürowand hängt ein Cornell-MBA, ein BA der University of Pennsylvania, ein USDA-Woman-Owned-Business-Award, ein
Myers-Briggs-Typenindikator- und ein NLP-Zertifikat. Keine zwei Rahmen passen zueinander.

Zitiert und portraitiert haben mich beispielsweise das *Wall Street
Journal, USA Today, Forbes, Oprah.com, Fox News, British Airways, Cosmo
International, CEO, CIO* und eine Reihe von Medien in Afrika, Asien,

Australien und Europa. Mein erstes Buch, *Networking for People Who Hate Networking*, wurde zum Zeitpunkt der Drucklegung dieses Buches bereits in zehn Sprachen übersetzt.

Ich habe das Glück, dass ich meine Arbeit als Führungskräfteberaterin, Autorin und Vortragsrednerin liebe. Ich bin zudem ein Fan von Fanpost – vielleicht behalten Sie das ja mal im Hinterkopf für irgendeinen verregneten Sonntagnachmittag.

Noch weitere Fragen?

Über Only Connect Consulting, Inc.

»Only connect!«

E. M. FORSTER, »Wiedersehen in Howards End«

Devora Zack ist Präsidentin und Gründerin von Only Connect Consulting, Inc. (OCC). Das auf die Führungskräfteentwicklung spezialisierte Unternehmen wächst allein durch Empfehlungen stetig an und führt mittlerweile über 100 Unternehmen auf seiner Klientenliste. Das Dienstleistungsangebot umfasst Vorträge, Seminare, Gutachten, Beratung und Führungskräftecoaching. Zu den Klienten gehören:

- Australian Institute of Management
- CapGemini
- Cornell University
- Deloitte
- Federal Aviation Authority (FAA)
- John Deere
- London Business School
- Mensa International
- National Association for Women Business Owners
- National Association of Personal Financial Advisors
- National Institutes of Health (NIH)
- Ohio State Law School
- SAIC
- Smithsonian
- Transportation Security Administration (TSA)
- Treasury Executive Institute
- US Department of Education
- US Department of Energy
- US Patent and Trademark Office
- Urban Land Institute

OCC-Schwerpunkte sind Führung, Teambildung, Networking, Management, die Kunst der Präsentation, Kommunikation, Fokusgruppen, Veränderung, kreative Problemlösung, strategische Pläne, Stress- und Zeitmanagement, Unternehmenstheater, Kundenservice, Verhandlungsführung, Myers-Briggs-Typenindikator und 360°-Feedback.

Für weitere Informationen und Buchungen besuchen Sie uns auf http://onlyconnectconsulting.com; oder schreiben Sie an connect@myonlyconnect.com

Register

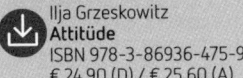

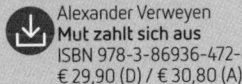

Stephen R. Covey bei GABAL

»Stephen R. Covey hat durch seine Arbeit die Welt verändert«
Tom Peters

 Problemlösung in einer neuen Dimension: Die 3. Alternative ist ein Weg zu einem neuen Denken und zu neuen Horizonten.

Weitere Informationen finden Sie unter www.gabal-verlag.de

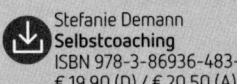

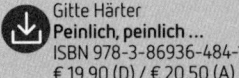

Erfolg ist hörbar!

🔊 Wissen im Hörbuchformat – ungekürzt und topaktuell

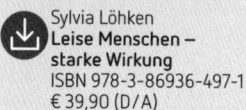

⬇ Sylvia Löhken
**Leise Menschen –
starke Wirkung**
ISBN 978-3-86936-497-1
€ 39,90 (D/A)

⬇ Anne M. Schüller
Touchpoints
ISBN 978-3-86936-501-5
€ 49,90 (D/A)

⬇ Lars Schäfer
Emotionales Verkaufen
ISBN 978-3-86936-500-8
€ 39,90 (D/A)

⬇ Jumi Vogler
Erfolg lacht!
ISBN 978-3-86936-498-8
€ 39,90 (D/A)

⬇ Tom Peters
The Little Big Things
ISBN 978-3-86936-456-8
€ 49,90 (D/A)

⬇ Markus Väth
**Feierabend hab ich,
wenn ich tot bin**
ISBN 978-3-86936-458-2
€ 39,90 (D/A)

⬇ Richard de Hoop
Macht Musik
ISBN 978-3-86936-499-5
€ 39,90 (D/A)

⬇ Katja Kerschgens
**Reden straffen statt
Zuhörer strafen**
ISBN 978-3-86936-459-9
€ 39,90 (D/A)

⬇ Norman Bücher
break your limits
ISBN 978-3-86936-457-5
€ 29,90 (D/A)

Weitere Informationen finden Sie unter www.gabal-verlag.de

In 30 Minuten wissen Sie mehr!

Jeder Band 96 Seiten, 2-farbig,
€ 8,90 (D) / € 9,20 (A)

Jochen Gürtler,
Johannes Meyer
30 Minuten Design Thinking
ISBN 978-3-86936-486-5

Hans-Georg Willmann
30 Minuten Selbstvertrauen
ISBN 978-3-86936-489-6

Gitte Härter
30 Minuten
Arschlöcher zähmen
ISBN 978-3-86936-447-6

Cristián Gálvez
30 Minuten Wirkungsvolle
Marketing-Events
ISBN 978-3-86936-488-9

Brigitte Ruhleder
30 Minuten
Business-Etikette
ISBN 978-3-86936-446-9

Frank H. Berndt
30 Minuten Burn-out
ISBN 978-3-86936-255-7

Ulrich Siegrist,
Martin Luitjens
30 Minuten Resilienz
ISBN 978-3-86936-263-2

Katja Kerschgens
30 Minuten
Die geschliffene Rede
ISBN 978-3-86936-490-2

Karin Letter
30 Minuten
Qualitätsmanagement
ISBN 978-3-86936-408-7

Weitere Informationen finden Sie unter www.gabal-verlag.de